westermann

Denken und Rechnen

Erarbeitet von:
Sabine Altmann
Heike Hagelgans
Ute Hentschel
Eileen Hoffmann
Ute Höffer
Antje Rehder

2

Inhaltsverzeichnis

	Schulbuch	Arbeitsheft	Förderheft	Forderheft	Fördern Inklusiv
Wiederholung					
Endlich in der zweiten Klasse	4–5				
Sachrechnen – Ferien	6	1	1	1	H9 1–7
Gerade und ungerade Zahlen	7	2		3	
Addieren, Subtrahieren	8–9	2–3	2–5	2	H5 1–10
Aufgabenmuster – Starke Päckchen, Rechenvorteile	10–11	2–3	6	2–3	H5 11–12
Kombinieren	12				
Addieren und Ergänzen – Rechendreiecke und Zahlenmauern	13	4			
Wege – Erstes Programmieren	14–15	5			
Zahlenraum bis 100					
Bündeln, Rechnen mit Zehnerzahlen	16–17	6–7	7	4	H5 13–14
Die Zahlen bis 100, Zahldarstellung	18–19	7	8–9	5	H5 15–18
Zahldarstellung – Zerlegung, Das Hunderterfeld	20–21	7–8	10, 12–13	5	H5 19–20, 23–25
Die Zahlen bis 100 – Zahlenkarten und Zahlwörter	22	8		6	H5 21–22
Orientieren an der Hundertertafel	23	9	15	7	H5 35
Die Hundertertafel, Ausschnitte aus der Hundertertafel	24–25	9	16	8	H5 35–37
Wiederholung	26				
Von der Hundertertafel zum Zahlenstrahl	27				
Orientieren am Zahlenstrahl	28–29	10	17–19	9–10	H5 38–43
Zahlen vergleichen und ordnen, Zahlenfolgen	30–31	11	20	11	H5 40–46
Geld					
Münzen und Scheine, Geldbeträge	32–33	13	31	16	H9 8–9
Sachrechnen – Schulbasar	34	14	32	17	H9 10–11
Geometrie					
Geometr. Körper – Eigenschaften	35	15	62	40	H8 19–21
Geometr. Körper – Bauen und beschreiben, Versch. Ansichten	36–37	15–16	63	40–41	H8 22–23
Würfelgebäude – Bauen und beschreiben, Baupläne	38–39	17			H8 24–25
Addieren und Subtrahieren					
Addieren, Subtrahieren	40–41	18	22–25	13	H6 10–16, 19–22
Rechenstrategien – Analogieaufgaben addieren, subtrahieren	42–43	19	26–29	14	H6 23–28
Addieren, Subtrahieren – Rechenwege	44–45	20–21	43–46	24–25	H6 44–55
Daten und Häufigkeiten					
Häufigkeiten – Balkendiagramme und Tabellen	46–47	23	35	19	H9 12–15
Addieren und Subtrahieren					
Subtrahieren, Ergänzen	48–49	24–25	33–34	18	H6 33–36
Addieren, Subtrahieren – Rechenstrategien	50–51	26–27	36–39	20–21	H6 37–42
Umkehraufgaben	52	28		26	
Zum Knobeln	53		80	59	
Sachrechnen – Im Zoo	54	29–30	79	58–59	H9 26–27
Geometrie					
Orientierung – Zooplan	55			60	H8 26–27
Formen und Figuren – Knobeln	56				H8 15–16
Geometrische Formen – Muster	57–58	31	21	12	H8 10–18
Faltprojekt	59				
Achsensymmetrie – Faltschnitte, Spiegelbilder	60–61	33	83	65	H8 28–29
Einführung Multiplikation					
Multiplizieren	62–63	34	49–50	29	H7 1–5
Multiplizieren, Das Punktefeld	64–65	34–35	52	29, 31	H7 6–7, 11–14
Multiplizieren – Nachbaraufgaben, Tauschaufgaben	66–67	35–36	53–54	31–32	H7 15–18
Einmaleins mit 2, 10 und 5					
Multiplizieren – Kernaufgaben	68–69	37	55	33	H7 19–21
Einmaleins mit 2, 10	70–71	38–39	56–57	34–35	H7 23–25
Einmaleins mit 5, 5 und 10	72–73	39	58	34–35	H7 24–25
Einmaleins mit 1 und 0	74		51	30	H7 9–10

■ Zahl und Operation   ■ Größen und Messen   ↻ Wiederholung
■ Daten und Zufall   ■ Raum und Form   📖 Wortspeicher

	Schulbuch	Arbeits-heft	Förder-heft	Forder-heft	Fördern Inklusiv
Einführung Division					
■ Dividieren – Aufteilen	75–76	40			H7 29–32
■ Dividieren und multiplizieren – Umkehraufgaben	77	41	66	44	H7 38–39
↻ Wiederholung	78				
Einmaleins mit 4 und 8					
■ Rechenstrategie Kernaufgaben nutzen – Einmaleins mit 2, 4	79–81	43–44	59	37	H7 26
■ Rechenstrategie Kernaufgaben nutzen – Einmaleins mit 2, 4, 8	82–84	45–46	60	38	H7 27
Zufall und Wahrscheinlichkeit					
■ Zufall und Wahrscheinlichkeit	85				
■ Zufall und Wahrscheinlichkeit – Fische angeln, Würfeln	86–87	47	42	23	H9 16–17
Dividieren (Verteilen)					
■ Dividieren – Verteilen	88–89	49	65	43	H7 33–36
Einmaleins mit 3, 6, 9 und 7					
■ Einmaleins mit 3, 6, 9	90–95	50–53	67–69	45–48	H7 41–43
■ Rechenstrategie – Nachbaraufg. mit 9, Einmaleins mit 3, 6, 9	96–97	54		36, 49	H7 43
■ Einmaleins mit 7, Quadratzahlen	98–99	55	70	50	H7 44
■ Dividieren mit Rest	100–101	56			
Längen					
■ Längen – Meter, Zentimeter	102–103	58		61	H9 31–33
■ Längen – Messen, zeichnen und rechnen	104	59	82	62	H9 34–35
■ Längen – Zentimeter und Millimeter, Größenvorstellungen	105–106	63		63	
Kombinieren					
■ Kombinationen – Eis, Sitzordnung	107–108	61	61	39	H9 22–23
■ Verdoppeln und halbieren	109	63	47	27	H6 57–58
Addieren und Subtrahieren					
■ Ergänzen zu 100, Ergänzen	110–111	64	72	51	H6 59
■ Addieren – Rechenwege	112	65	73–74	52	
■ Rechenstrategie – Nah an der Zehnerzahl	113	66		53	
■ Subtrahieren – Rechenwege	114	67	75–76	54	
■ Rechenstrategie – Nah an der Zehnerzahl	115	68		55	
■ Addieren und Subtrahieren – Übungen	116				
■ Gleichungen und Ungleichungen	117	69			
Geometrie					
■ Geometrische Formen – Zeichnen	118	70			H8 12–13
■ Senkrecht – Rechter Winkel	119	71			
■ Parallel – Parallele Geraden	120	71			
■ Geometrische Formen – Untersuchen und zeichnen	121	71			
■ Formen, Spiegelbilder auf dem Geobrett	122–123	72–73	84	66	H8 30–31
■ Der Zirkel – Kreise zeichnen	124				
↻ Wiederholung	125				
Sachrechnen					
■ Sachrechnen – Rechengeschichen untersuchen und erfinden	126–128	75		64	H9 19–21, 28–30
Daten und Häufigkeiten					
■ Daten und Häufigkeiten – Tabellen und Diagramme	129–131	76	88	70	H9 46–47
Zeit					
■ Zeit – Volle Stunden, Stunden und Minuten	132–133	77–78	85–86	67–68	H9 36–41
■ Zeit – Zeitspannen, Kalender	134–137	79	87	69	H9 42–45
Sachrechnen, Geld, Operatives Rechnen					
■ Sachrechnen – Gesundes Frühstück	138–139				
■ Geld – Kommaschreibweise	140				
■ Das Zauberdreieck	141				
↻ Wiederholung	142				
📖 Wortspeicher	143–144				

■ Zahl und Operation ■ Größen und Messen ↻ Wiederholung
■ Daten und Zufall ■ Raum und Form 📖 Wortspeicher

Endlich in der zweiten Klasse

4 Szenen besprechen und beschreiben.

Knobelaufgabe lösen.
Zahlenfolgen fortführen.

Sachrechnen – Ferien

1 Welche Aufgabe passt zum Bild? Erzählt, wählt aus und begründet.

Das ist eine Additionsgabe, weil …

Zum Bild passt die Aufgabe …

| 4 − 3 | 4 + 3 | 3 + 5 |

2 Welche Aufgabe passt zum Bild? Erzählt, wählt aus und begründet.

a)

| 5 − 1 | 6 + 1 | 6 − 5 |

b)

| 2 + 4 | 4 − 2 | 2 + 2 |

c)

| 5 − 5 | 5 + 2 | 5 + 5 |

d)

| 4 + 3 | 6 − 2 | 4 − 2 |

3 Denkt euch jeweils eine eigene Rechengeschichte zu den Aufgaben aus. Erzählt sie euch gegenseitig.

a) 4 + 4   b) 8 − 5

Aufgaben mündlich lösen.
3 Evtl. zu den vorgegebenen Aufgaben eine Rechengeschichte malen, schreiben, filmen oder fotografieren.

Gerade und ungerade Zahlen

1 a) Sortiert die Zahlen. Begründet.

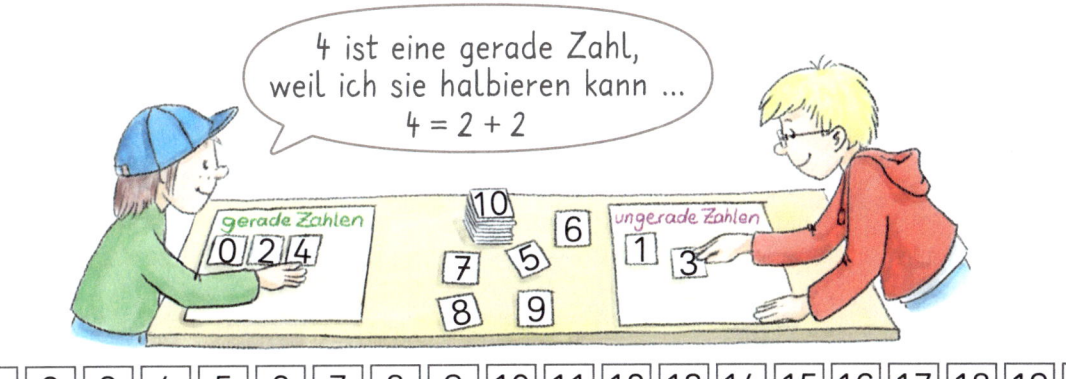

| 0 | 1 | 2 | 3 | 4 | 5 | 6 | 7 | 8 | 9 | 10 | 11 | 12 | 13 | 14 | 15 | 16 | 17 | 18 | 19 | 20 |

b) Notiert im Heft.

gerade Zahlen: 0, 2,
ungerade Zahlen: 1, 3,

2 Was fällt euch an den Ergebnissen auf? Erklärt.

a) Rechnet mit diesen geraden Zahlen vier Additionsaufgaben.

| 0 | 2 | 4 | 6 | 8 | 10 |

a) ②+④=

Wenn ich eine Additionsaufgabe mit zwei geraden Zahlen rechne, ist das Ergebnis ...

b) Rechnet mit diesen ungeraden Zahlen vier Additionsaufgaben.

| 1 | 3 | 5 | 7 | 9 |

b) ①+⑦=

Wenn ich eine Additionsaufgabe mit zwei ungeraden Zahlen rechne, ist das Ergebnis ...

3 a) Rechnet vier Additionsaufgaben. gerade Zahl + ungerade Zahl

| 0 | 1 | 2 | 3 | 4 | 5 | 6 | 7 | 8 | 9 | 10 |

b) Was fällt euch an den Ergebnissen auf? Erklärt.

4 Kann das stimmen? Begründet.

a) Wenn ich eine Additionsaufgabe mit zwei geraden Zahlen rechne, ist das Ergebnis manchmal gerade, manchmal ungerade.

b) Wenn ich eine Additionsaufgabe mit zwei ungeraden Zahlen rechne, ist das Ergebnis nie ungerade.

4 Mit Beispielen begründen.

Addieren

1 Schreibe in dein Heft und rechne.

a) 6 + 4
6 + 3
6 + 2
6 + 1

b) 5 + 5
5 + 4
5 + 3
5 + 2

So schreibe ich in mein Heft.

Addition – addieren

Summand Summand
5 **+** 4 = 9
Summe   Summe

Rechenstrategie

Große und kleine Aufgabe

Die kleine Aufgabe hilft beim Rechnen.

14 + 3

kleine Aufgabe

4 + 3 = _7_

große Aufgabe

14 + 3 = _17_

---

2 a) 14 + 3
4 + 3
14 + 3

b) 17 + 2
7 + 2
17 + 2

c) 18 + 1
8 + 1
18 + 1

d) 13 + 7
3 + 7
13 + 7

🐝 e) 16 + 3
6 + 3
16 + 3

Rechenstrategien

erst verdoppeln	erst bis zur 10, dann weiter	nah an der 10
7 + 8	8 + 5	6 + 9
7 + 7 = 14 oder 8 + 8 = 16	8 + 2 = 10	6 + 10 = 16
7 + 8 = 15 7 + 8 = 15	10 + 3 = 13	6 + 9 = 15

---

3 Rechne auf deinem Weg.

a) 8 + 8
8 + 7
8 + 5
8 + 4

b) 9 + 3
9 + 4
9 + 6
9 + 8

🐝 c) 7 + 5
7 + 4
7 + 9
7 + 7

🐝 d) 6 + 9
6 + 5
6 + 6
6 + 7

🐬 e) 17 + 5
27 + 5
18 + 3
28 + 3

---

8 Heftführung klären. Wortspeicher nutzen. **2** Analogieaufgaben nutzen.
3 Bekannte Rechenstrategien nutzen.

Subtrahieren

1 a) 8 − 3
8 − 2
8 − 4
8 − 1

a)	8 − 3 = 5			
	8 − 2 =			

b) 10 − 2
10 − 3
10 − 5
10 − 4

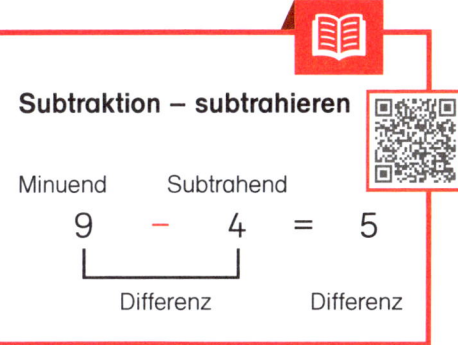

Subtraktion – subtrahieren

Minuend   Subtrahend
9   −   4   =   5
  Differenz   Differenz

2 a) 17 − 3
7 − 3
17 − 3

a)	7 − 3 =		4	
	1 7 − 3 = 1	4		

b) 18 − 4
8 − 4
18 − 4

Rechenstrategie

Große und kleine Aufgabe

Die kleine Aufgabe hilft beim Rechnen.

17 − 3

kleine Aufgabe

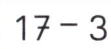
7 − 3 = 4

große Aufgabe

17 − 3 = 14

c) 15 − 5
5 − 5
15 − 5

d) 19 − 6
9 − 6
19 − 6

e) 16 − 3
6 − 3
16 − 3

🐝 f) 19 − 4
9 − 4
19 − 4

🐝 g) 18 − 5
8 − 5
18 − 5

🐝 h) 17 − 2
7 − 2
17 − 2

Rechenstrategien

erst bis zur 10, dann weiter

13 − 7
13 − 3 = 10
10 − 4 = 6

nah an der 10

14 − 9
14 − 10 = 4
14 − 9 = 5

3 Rechne auf deinem Weg.

a) 11 − 7
11 − 3
11 − 4
11 − 2

b) 14 − 6
14 − 9
14 − 7
14 − 8

🐝 c) 15 − 7
15 − 9
15 − 8
15 − 6

🐝 d) 13 − 5
13 − 8
13 − 6
13 − 4

🐬 e) 21 − 3
31 − 3
23 − 9
33 − 9

Wortspeicher nutzen. **2** Analogieaufgaben nutzen.
3 Bekannte Rechenstrategien nutzen.

Aufgabenmuster – Starke Päckchen

1 Schreibe in dein Heft. Kreise ein. Setze fort und rechne.

a) 3 + 4
4 + 4
5 + 4
6 + ⬜

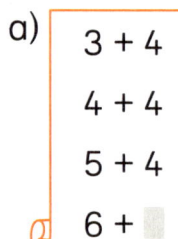

b) 5 + 4
5 + 5
5 + 6
⬜ + ⬜

c) 10 − 8
10 − 7
10 − 6
10 − ⬜

d) 7 − 2
7 − 3
7 − 4
⬜ − ⬜

2 Entscheidet. Stark oder nicht stark? Begründet.

a) 2 + 3
3 + 3
6 + 3
5 + 3

„Päckchen a) ist nicht stark, weil …"

b) 3 + 2
3 + 4
3 + 6
3 + 8

c) 8 − 5
9 − 4
10 − 3
11 − 2

d) 6 − 4
8 − 4
10 − 4
11 − 4

3 Aus nicht starken Päckchen sollen starke Päckchen werden. Ändert eine Zahl. Rechnet.

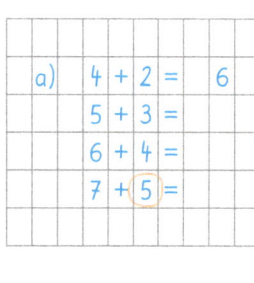

„Das Päckchen ist nicht stark. Die Zahl 6 passt nicht."

3 + 2
3 + 3
3 + 6
3 + 5

3 + 2 =
3 + 3 =
3 + 4 =
3 + 5 =

„Ich ändere die Zahl 6. Jetzt ist das Päckchen stark."

a) 4 + 2
5 + 3
6 + 4
7 + 6

a) 4 + 2 = 6
5 + 3 =
6 + 4 =
7 + 5 =

b) 5 + 3
6 + 3
7 + 3
8 + 2

c) 8 + 3
7 + 4
6 + 5
5 + 5

d) 15 + 8
15 + 7
15 + 6
15 + 4

4 Aus nicht starken Päckchen sollen starke Päckchen werden. Ändere in jedem Päckchen eine Zahl. Rechne.

a) 9 − 9
9 − 8
9 − 7
9 − 5

b) 14 − 4
13 − 4
12 − 4
15 − 4

c) 16 − 8
15 − 7
14 − 6
12 − 5

d) 12 − 3
10 − 3
8 − 3
7 − 3

e) 16 − 0
18 − 2
20 − 5
22 − 6

Rechenvorteile

1 Rechne geschickt.

a) 4 + 6 + 5 (4 + 6 = 10)
3 + 7 + 7
6 + 4 + 9

b) 5 + 9 + 5
3 + 4 + 7
8 + 5 + 2

c) 6 + 6 + 4
7 + 9 + 3
3 + 7 + 8

d) 2 + 8 + 7
9 + 5 + 1
3 + 3 + 7

2 a) Würfle und schreibe die Aufgaben in dein Heft.

   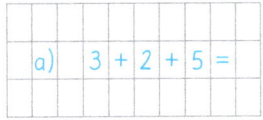

a) 3 + 2 + 5 =

Begründe.

b) Welche **größte** Summe ist möglich?
c) Welche **kleinste** Summe ist möglich?

3 Rechne geschickt.

(erst 12 − 2 = 10) (dann 10 − 4 = 6)

a) 12 − 2 − 4
12 − 2 − 6
13 − 3 − 4
13 − 3 − 5

b) 17 − 7 − 2
18 − 8 − 4
15 − 5 − 2
11 − 1 − 3

c) 12 − 2 − 5
16 − 6 − 2
17 − 7 − 3
19 − 9 − 2

d) 14 − 4 − 2
15 − 5 − 3
13 − 3 − 2
16 − 6 − 4

4 a) 14 − 9 − 4
(14 − 4 = 10) 13 − 8 − 3
12 − 5 − 2
16 − 7 − 6

b) 18 − 4 − 8
15 − 7 − 5
19 − 3 − 9
17 − 5 − 7

c) 18 − 7 − 1
13 − 2 − 1
15 − 3 − 2
19 − 5 − 4

d) 17 − 7 − 3
14 − 8 − 4
16 − 4 − 2
11 − 9 − 1

5 Finde zu jeder Differenz drei Subtraktionsaufgaben.

a) Differenz 10

a) 1 5 − 5 = 1 0
1 7 − 7 = 1 0
1 1 −

b) Differenz 2

c) Differenz 5

d) Differenz 7

e) Differenz

f) Differenz 30

Kombinieren

1

Welche Lastzüge kannst du zusammenstellen?
Zeichne verschiedene Möglichkeiten geordnet auf.
Erkläre, wie du geordnet hast.

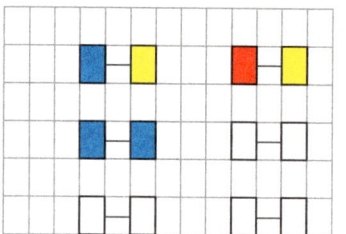

2 Wie viele Möglichkeiten gibt es?

a)

b)

3 Beschreibt und vergleicht die Lösungen der Kinder.

die Rechenkonferenz

Paul	Anna	Peter
2 + 4 = 6	2 + 4 = 6	2 + 4 = 6
2 + 5 = 7	3 + 4 = 7	3 + 5 = 8
3 + 4 = 7	2 + 5 = 7	2 + 5 = 7

4 Welche Aufgaben kannst du bilden? Kombiniere und rechne.

a)    b)

c)    d)

5 Erfinde eigene Lkw-Aufgaben.

a)

b)

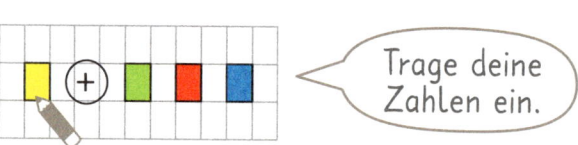

Trage deine Zahlen ein.

c) Wie viele Aufgaben gibt es jeweils?

Addieren und Ergänzen – Rechendreiecke und Zahlenmauern

1 a) 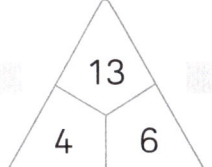 b)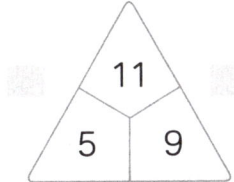

das **Rechendreieck**
Innenzahlen
Außenzahlen

2 a) 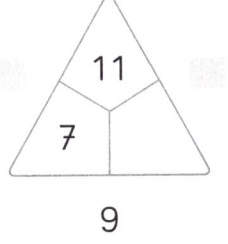 b) 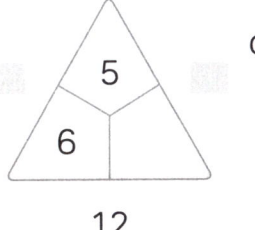 c) 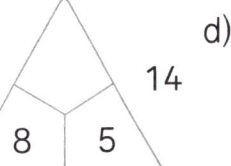 d)

3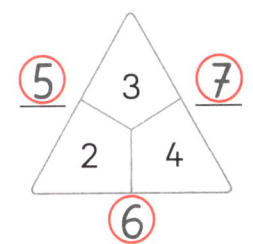

Wie ändern sich die Außenzahlen,
a) wenn jede Innenzahl um 1 größer wird?
b) wenn jede Innenzahl um 2 größer wird?
c) wenn jede Innenzahl doppelt so groß wird?

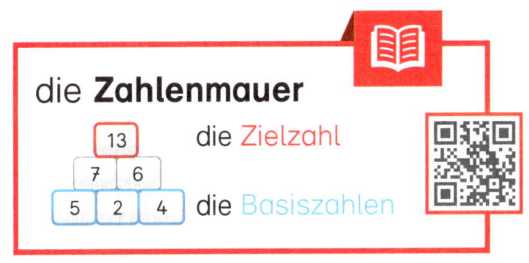
die **Zahlenmauer**
die Zielzahl
die Basiszahlen

4 a) 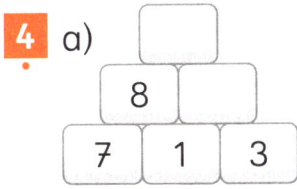 b) 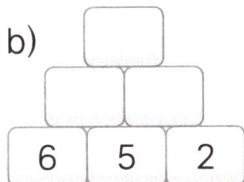 c) 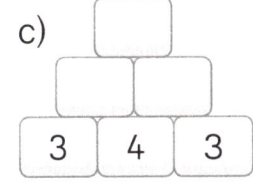 d)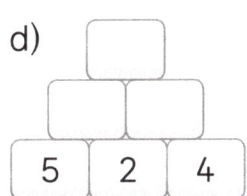

5 a) 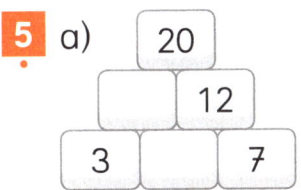 b) 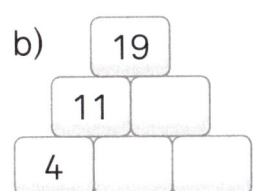 c) 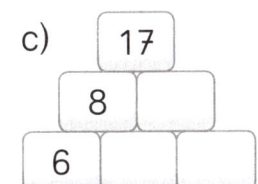 d)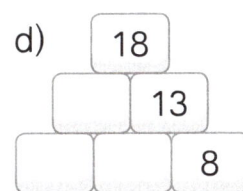

1 bis 3 Evtl. Kopiervorlagen 77 nutzen.
3 Veränderungen beschreiben.
4 bis 5 Evtl. Kopiervorlagen 69 und 70 nutzen.

Wege – Erstes Programmieren

Die Kinder dürfen sich gegenseitig nur folgende 4 Befehle geben, um sich auf dem Spielfeld zu bewegen:

Gehe ▢ vorwärts.   Drehe nach links.

Gehe ▢ rückwärts.   Drehe nach rechts.

1 Gehe die Wege von Nina und Anne.

Nina

| Start ▷ | Gehe 2 vorwärts.
| | Drehe nach rechts.
| | Gehe 2 vorwärts.
| | Drehe nach links.
| | Gehe 4 vorwärts.
| Ziel ▷ | Was siehst du vor dir?

Anne

| Start ▷ | Gehe 2 vorwärts.
| | Drehe nach links.
| | Gehe 1 vorwärts.
| | Drehe nach rechts.
| | Gehe 2 vorwärts.
| Ziel ▷ | Wo stehst du?

2 Findet eigene Wege für Tom.

3 Welches Kind geht diesen Weg?

a) Start › Gehe 2 vorwärts.
Drehe nach links.
Gehe 3 vorwärts.
Drehe nach rechts.
Gehe 1 vorwärts.

Ziel ›

b) Start › Drehe nach rechts.
Gehe 2 vorwärts.
Drehe nach links.
Gehe 2 vorwärts.
Drehe nach links.
Gehe 4 rückwärts.
Drehe nach links.

Ziel ›

4 Welchen Weg gehen die Kinder? Schreibe die Befehle auf.

a) Tom

Start › Drehe nach rechts.
Gehe ___ vorwärts.
Drehe nach _____.
Gehe ___ vorwärts.

Ziel ›

b) Anne

Start › Drehe nach links.
Gehe ___ vorwärts.
Drehe nach rechts.
Gehe ___ vorwärts.
Drehe nach _____.
Gehe ___ vorwärts.

Ziel ›

5 Finde immer 2 Wege vom Start zum Ziel. Schreibe die Befehle auf.
Die grauen Felder sind blockiert.

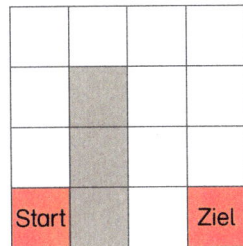

3 Namen ins Heft schreiben.
4 und 5 Befehle ins Heft schreiben.

Bündeln – Zehnerzahlen

die **Zehnerzahlen** bis 100

| 10 zehn | 20 zwanzig | 30 dreißig | 40 vierzig | 50 fünfzig | 60 sechzig | 70 siebzig | 80 achtzig | 90 neunzig | 100 hundert |

Die Zahl 100 ist eine Zehnerzahl und gleichzeitig eine Hunderterzahl.

1 Wie viele Kastanien sind es?
Wie würdet ihr zählen?

Ich zähle jede einzeln.
Ich zähle immer 10.

2 Sammelt selbst Kastanien. Schätzt und zählt sie.

10 Einer sind 1 Zehner.
20 Einer sind 2 Zehner.

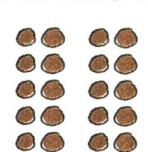

Zehner   Einer

Z	E	Zahl
2	0	20

zwanzig

3 Immer 10 in einem Karton. Wie viele sind es jeweils?

a)    a) 2 0

b)

c)

d)

4 Immer 10 in einem Karton. Wie viele sind es jeweils?

a)    b)    c)

d)    e)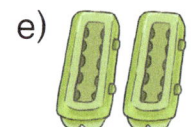

Erklärvideo und Wortspeicher nutzen.
1 und **2** Auch andere Alltagsmaterialien schätzen und zählen.
3 Evtl. Kopiervorlage 10 nutzen.

Rechnen mit Zehnerzahlen

1 a) 20 + 30
20 + 10
20 + 20

 Ich rechne 2 Zehner plus 3 Zehner.

b) 30 + 30
20 + 50
40 + 10

c) 50 + 10
50 + 20
50 + 30

d) 40 + 30
50 + 50
20 + 60

e) 100 + 10
100 + 20
100 + 100

Kontrollzahlen

🔦 30 40 50 50 60 60 70 70 70 80 80 100 110 120 200

2 5 Z – 3 Z

a) 50 – 30
50 – 40
30 – 20

b) 60 – 50
60 – 40
60 – 30

c) 40 – 40
30 – 10
60 – 20

d) 80 – 30
80 – 10
60 – 50

🔦 0 10 10 10 10 20 20 20 30 40 50 70

e) 90 – 50
80 – 50
70 – 50

f) 70 – 10
80 – 70
40 – 10

g) 100 – 30
100 – 50
110 – 10

h) 120 – 20
150 – 20
150 – 50

🔦 10 20 30 30 40 50 60 70 100 100 130

3 Setze ein. < = >

a) 80 ● 40
80 ● 70
80 ● 90

ist größer als
a) 80 > 40

b) 70 ● 60
0 ● 60
0 ● 60

c) 30 ● 50
20 ● 20
80 ● 50

d) 70 ● 80
30 ● 40
30 ● 20

4 a) 20 + 30 ● 90
10 + 60 ● 70
70 + 30 ● 70

b) 40 + 20 ● 60
60 + 30 ● 100
70 + 20 ● 80

c) 80 – 10 ● 50
90 – 40 ● 60
100 – 20 ● 80

5 Immer 100.

20 80

---

1 Zehnerzahlen vergleichen. Selbstkontrolle einführen: Kontrollzahlen sind der Größe nach geordnet.
3 und 4 Analogieaufgaben nutzen.
5 Alle Zehnerzerlegungen der 100 finden.

Die Zahlen bis 100 – Zahldarstellung

die **H**underter-Platte	die **Z**ehner-Stange	der **E**iner-Würfel
1 **H**underter 10 **Z**ehner 100 **E**iner	1 **Z**ehner 10 **E**iner	1 **E**iner

2 Zehner und 5 Einer sind 25.
Ich schreibe zuerst den Zehner und dann den Einer.

1 Legt mit Material, beschreibt und nennt jeweils die Zahl.

die **Stellenwerttafel**

H	Z	E	Zahl
	1	0	10
1	0	0	100

a) 30 / 34   b) 29 / 45   c) 100 / 101

2 Notiere jeweils in eine Stellenwerttafel. Schreibe immer von links nach rechts.

a)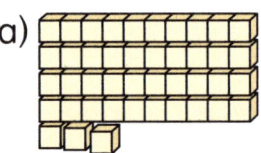

H	Z	E	Zahl
	4	3	43

b) 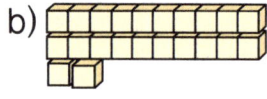   c)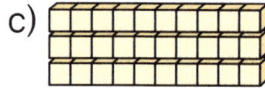

d) 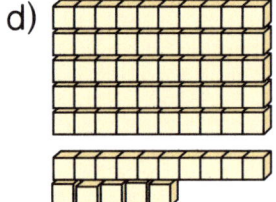   e) 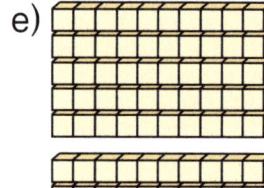   f)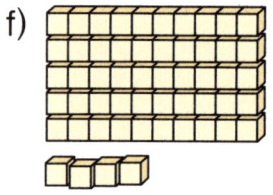

g) 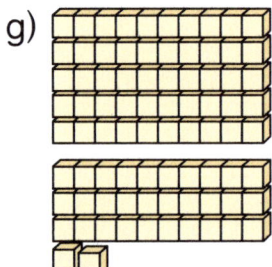   h) 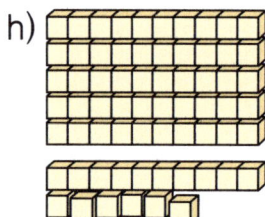   i)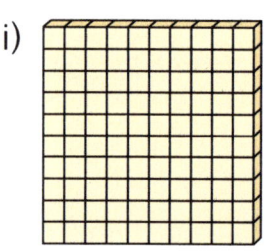

Zahldarstellung

1 Wer hat Recht? Begründet.

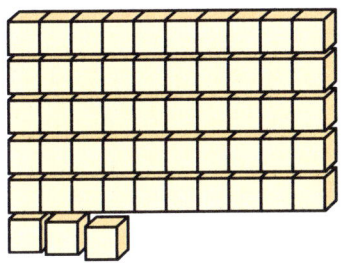  

H	Z	E	Zahl

2 Legt und vergleicht.

a) 21   b) 43   c) 26   d) 75   e) 15

3 Notiere jeweils in eine Stellenwerttafel. Vergleiche.

a)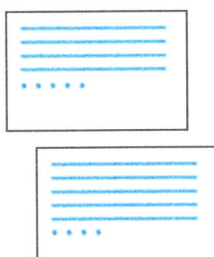

	H	Z	E	Zahl
a)		4	5	45
		5	4	54
b)				

b)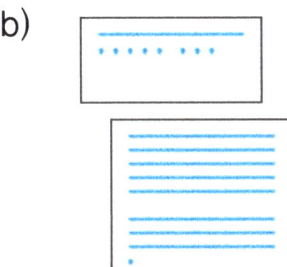

c) 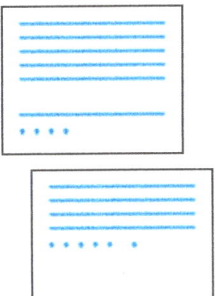   d) 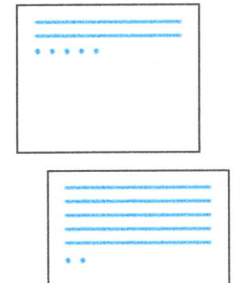   e)

4 Wie heißt jeweils die Zahl?

Meine Zahl hat 6 Einer und 9 Zehner.

Das ist die Zahl 96.

a) Meine Zahl hat 2 Einer und 5 Zehner.

b) Meine Zahl hat 4 Zehner und 7 Einer.

 c) Meine Zahl hat 18 Einer und 8 Zehner.

d)

Zahldarstellung – Zerlegung

1 Zeichne Zehner und Einer.

a) 24 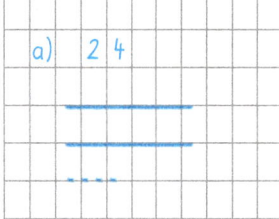 b) 35 c) 14 d) 66
e) 40 f) 53 g) 44 h) 56
i) 42 j) 30 k) 41 l) 65

2 Wie heißt die Zahl? Zerlege in Zehner und Einer.

a)  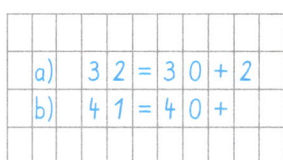 b) 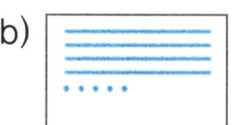 c)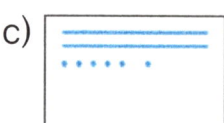

d) 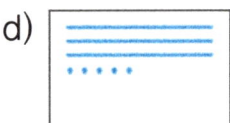 e)  f) 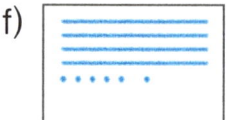 g)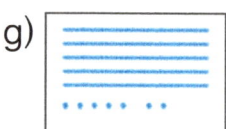

h) 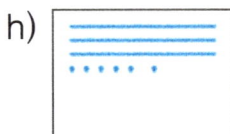 i)  🐝 j) 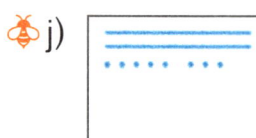 🐝 k)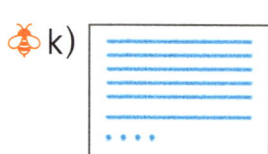

3 Zerlege in Zehner und Einer.

a) 29 = 20 + ▫   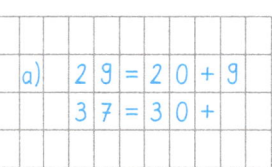   b) 68 = 60 + ▫   c) 26 = ▫ + ▫
37 = 30 + ▫   14 = 10 + ▫   55 = ▫ + ▫
41 = 40 + ▫   70 = 70 + ▫   83 = ▫ + ▫
53 = 50 + ▫   32 = 30 + ▫   34 = ▫ + ▫

🔦 0 1 2 3 3 4 4 5 6 7 8 9 20 30 50 80

4
5 + 4   6 + 7   10 – 2   13 – 8
3 + 5   5 + 7   10 – 5   15 – 7
2 + 3   8 + 4   10 – 8   16 – 9
4 + 4   9 + 6   10 – 4   12 – 6
6 + 2   6 + 8   10 – 3   14 – 5

🔦 2 5 5 5 6 6 7 7 8 8 8 9 9 12 12 13 14 15

Das Hunderterfeld

 **1** Legt jeweils mit Material auf das Hunderterfeld.

a) 27 b) 48 c) 50 d) 63 e) 74

f) 99 g) 12 🐝 h) 20 🐝 i) 31 🐝 j) 100

2 Wie viele sind es?

a) 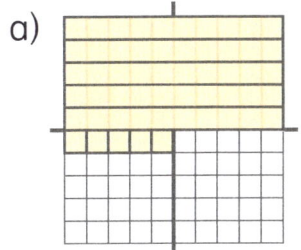 b) c) 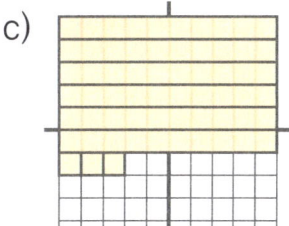 d)

e) 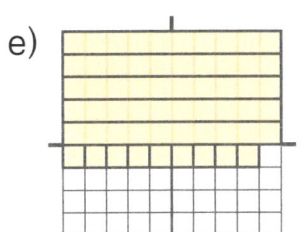 f) g) 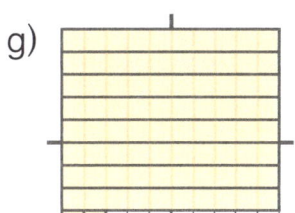 h)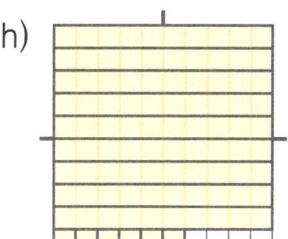

3 Wie viele fehlen bis 100?

a) 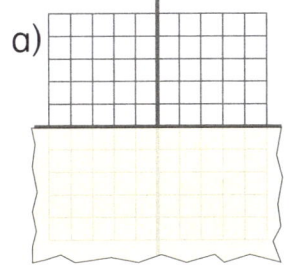 b) 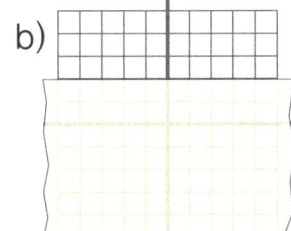 c) 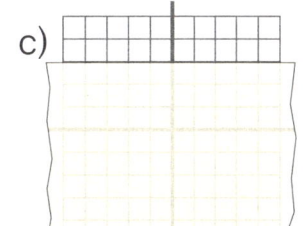 d)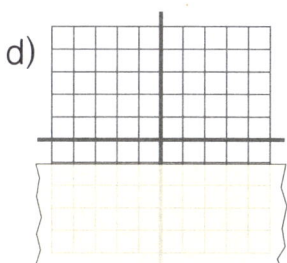

a) 50 + 50 = 100

Erklärvideo nutzen. Evtl. Kopiervorlagen 11 bis 16 nutzen.
2 Evtl. Material nutzen. Hunderterfeld am Buchende nutzen.

Die Zahlen bis 100 – Zahlenkarten und Zahlwörter

1 Lege mit Zahlenkarten und notiere jeweils die Zahl.

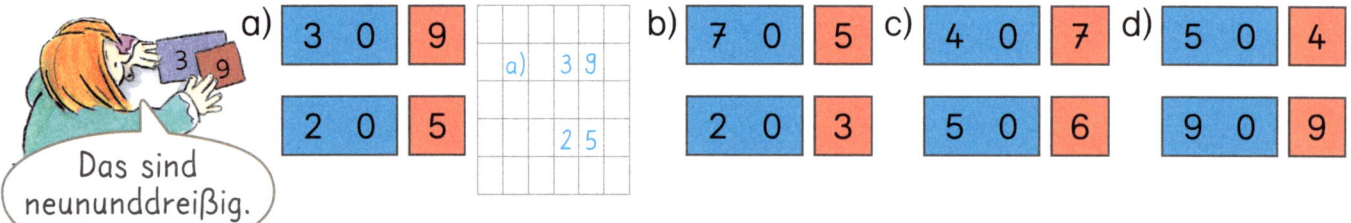

2 Lege mit Zahlenkarten. Notiere jeweils die Zahl und zerlege in Zehner und Einer.

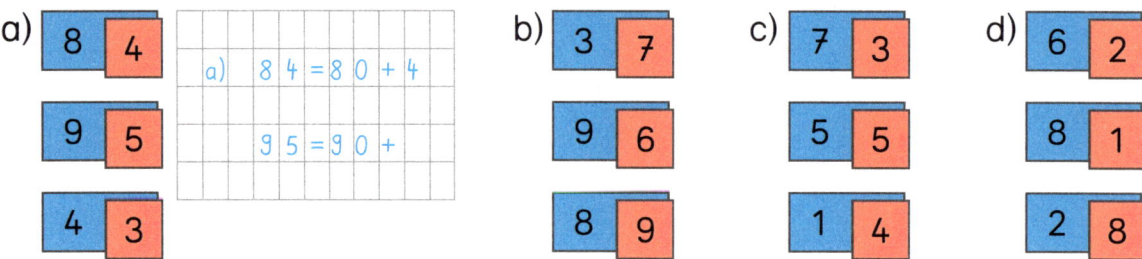

3 Lege mit Zahlenkarten und notiere jeweils die Zahl.

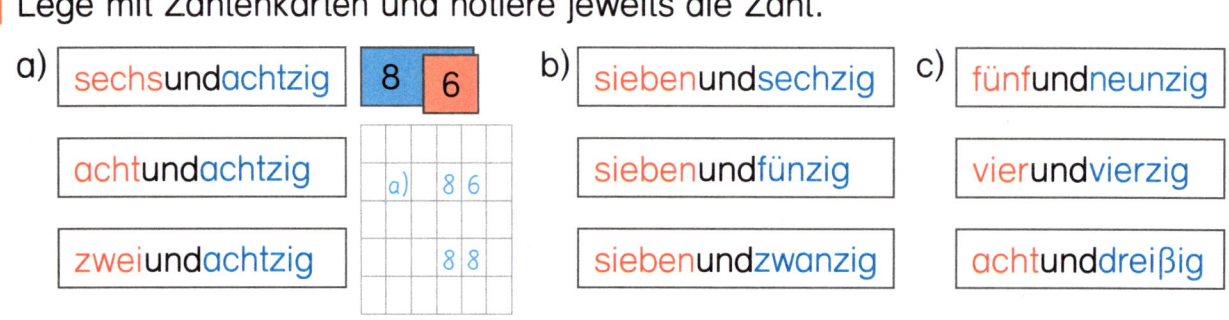

4 Welche Zahlen könnten es sein?

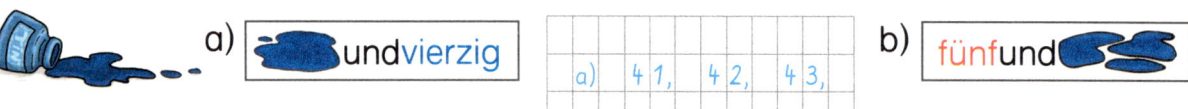

5 Nennt und notiert Zahlen. Wechselt euch ab.

Orientieren an der Hundertertafel

1 Zeigt die Zahlen an der Hundertertafel.

1	2	3	4	5	6	7	8	9	10
11	12	13	14	15	16	17	18	19	20
21	22	23	24	25	26	27	28	29	30
31	32	33	34	35	36	37	38	39	40
41	42	43	44	45	46	47	48	49	50
51	52	53	54	55	56	57	58	59	60
61	62	63	64	65	66	67	68	69	70
71	72	73	74	75	76	77	78	79	80
81	82	83	84	85	86	87	88	89	90
91	92	93	94	95	96	97	98	99	100

a) 30 b) 31 c) 65 d) 50
e) 77 f) 89 g) 44 h) 99

die Hundertertafel

die Diagonale
die 3. Zeile
die 4. Spalte

Die Hundertertafel besteht aus zehn **Zeilen** und zehn **Spalten**. Die Zahlen von **1** bis **100** sind dargestellt.

2 a) Zeigt alle Zahlen der fünften Zeile. Zeigt alle Zahlen der fünften Zeile.
b) Zeigt alle Zahlen der achten Zeile. Zeigt alle Zahlen der achten Zeile.

3 Notiert alle verdeckten Zahlen. Was fällt euch jeweils auf?

a)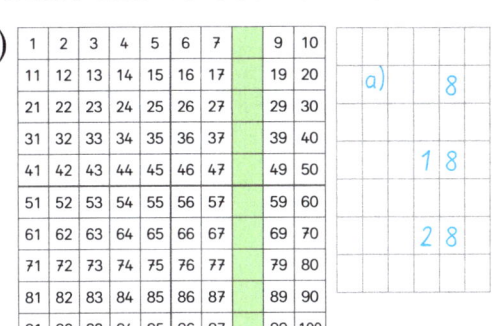
b) (Hundertertafel mit verdeckter 2. Zeile)
c)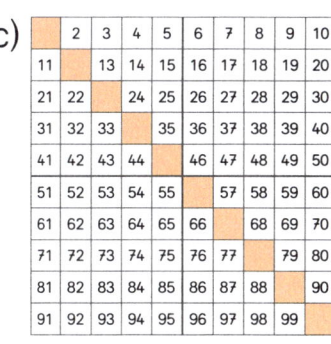

4 Zeigt an der Hundertertafel. Zählt weiter.

a) 1, 11, 21 …
b) 9, 19, 29 …
c) 61, 62, 63 …
d) 10, 19, 28 …

5 Welche Zahl ist es?

a) Meine Zahl steht in der 4. Spalte und hat 6 Zehner.
b) In der 6. Spalte ganz unten. Findest du meine Zahl?

Wortspeicher nutzen.
Evtl. Kopiervorlage 13 nutzen. Hundertertafel am Buchende nutzen.

Die Hundertertafel

1

Welche Zahlen habe ich versteckt?

Schreibe die versteckten Zahlen ins Heft.

2 Ergänze die fehlenden Zahlen in den Zeilen.

a) | 31 | | | 34 | 35 | | | 38 | |

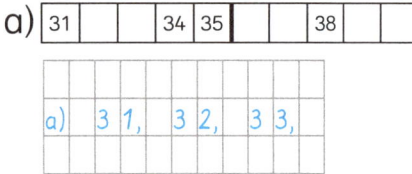

b) | | 82 | | | | 86 | 87 | | 89 | |
c) | 71 | | | | 75 | | | | | 80 |
d) | | | | 54 | 55 | 56 | | | | |

3 Ergänze die fehlenden Zahlen in den Spalten.

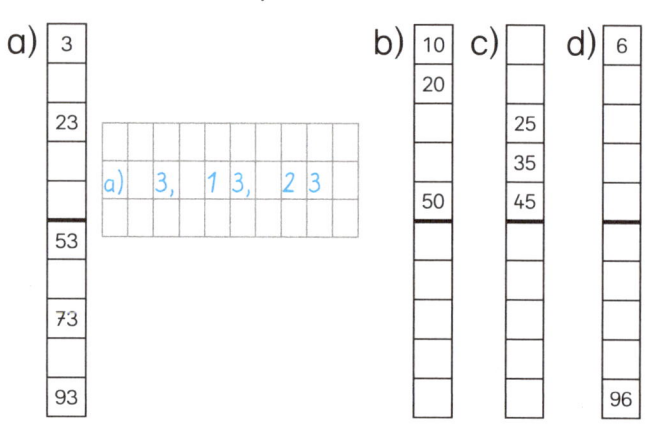

4 Sind das Zahlen einer Spalte oder einer Zeile? Welche Zahl passt nicht?

a) 16 52 86
46 6 96

b) 41 47 50
43 49 34

c) 93 30 3
13 53 23

5 Zu welcher Zahl kommst du?

a) Gehe 2 Kästchen nach rechts. Starte bei:
63 28 41 7 92 51

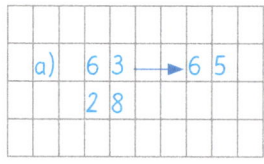

b) Gehe immer 3 Kästchen nach oben. Starte bei:
93 52 37 46 100 72

c) Gehe 4 Kästchen nach links und 1 Kästchen nach oben. Starte bei:
75 18 40 56 35 96

Ausschnitte aus der Hundertertafel

1 Notiere die fehlenden Zahlen aus der Hundertertafel.

a) 28   a) 2 7, 2 8, 2 9   b) 54

c) 12   d) 77   e) 64

2 Findet die vier Regeln.

Die obere Zahl ist um …

Die linke Zahl ist um 1 kleiner.

Die rechte Zahl ist um …

23

Die untere Zahl ist um …

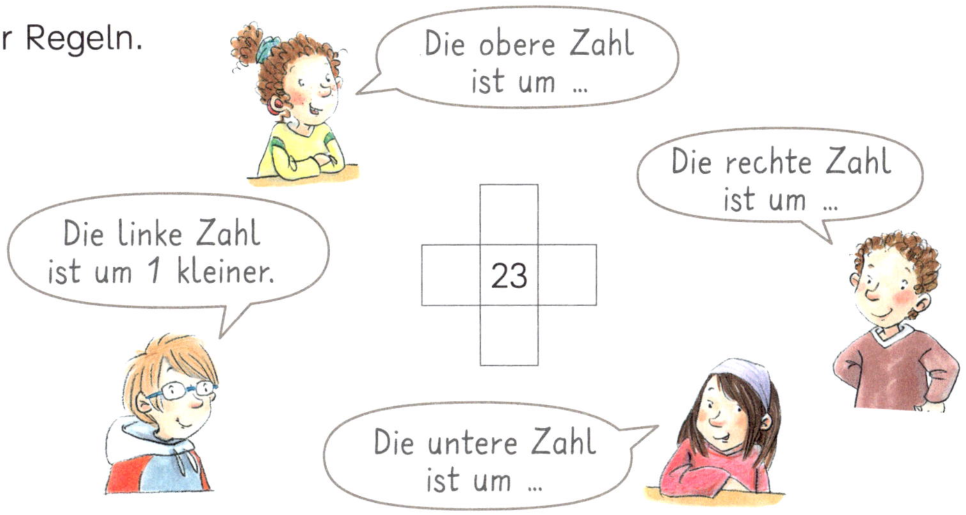

3 Notiere die fehlenden Zahlen. Orientiere dich an den vier Regeln.

a) 15   a) 5 / 14 15 16 / 25   b) 88   c) 66

4 a) 73   b) 82   c) 100   d) 44

5 Welche Zahl ist verdeckt?

a) 43   b) 100   c) 15

Wiederholung

1 a) 9 + 8   b) 7 + 8   c) 13 − 3   d) 14 − 7   e) 11 − 6
     9 + 7   5 + 8   13 − 4   13 − 7   12 − 5
     9 + 6   3 + 8   13 − 5   12 − 7   13 − 4

2 a) Bilde fünf Additionsaufgaben mit der Summe 16.
    b) Bilde fünf Subtraktionsaufgaben mit der Differenz 6.

3 Wie heißt die Zahl? Zerlege in Zehner und Einer

a) 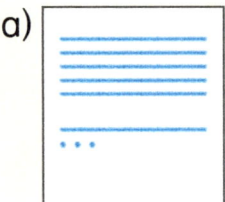   b) 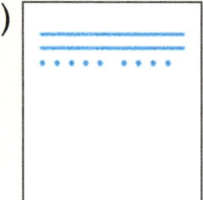   c)    d)

4 Zerlege Zehner und Einer.

a) 72   a) 7 2 = 7 0 + 2   b) 13   c) 89
    49   31   97
    22   65   27

5 Lege mit Zahlenkarten und schreibe die Zahl.

a) sechsundneunzig   b) siebenunddreißig   c) dreiundvierzig

d) einundsiebzig   e) fünfundfünfzig   f) neunundzwanzig

g) achtundsechzig   h) zweiundachtzig   i) vierunddreißig

6 Suche im Hunderterfeld und schreibe die Zahl.

a) Meine Zahl steht in der 3. Spalte und hat sieben Zehner.

b) In der 5. Spalte ganz unten findest du meine Zahl.

c) Meine Zahl steht in der 7. Zeile und hat 6 Einer.

Von der Hundertertafel zum Zahlenstrahl

1 Levi zerschneidet eine Hundertertafel und klebt die Teile zu einem Hunderterstreifen zusammen.

Erstellt einen Hunderterstreifen.

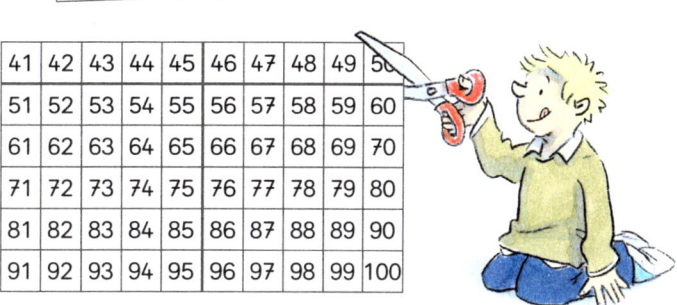

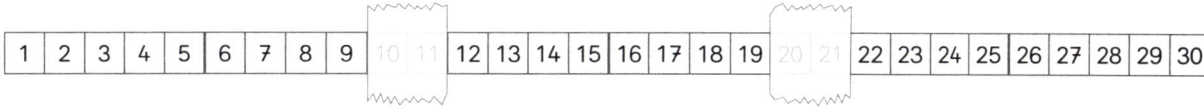

2 Schreibe jeweils alle Zahlen auf.

a)    a) 23, 24, 25, 26,

b)    c)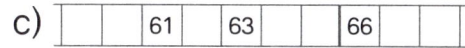

d)    e)

3 Zähle **vorwärts**.

a) 24, 25, … ,31      b) 46, 47, … ,53   c) 67, 68, … ,74

a) 24, 25, 26, 27,

4 Zähle **rückwärts**.

a) 26, 25, … ,19   b) 44, 43, … ,37   c) 53, 52, … ,46   d) 32, 31, … ,25

5 Zählt vorwärts und rückwärts. Wechselt euch ab.

  Zähle rückwärts von 50 bis 40.   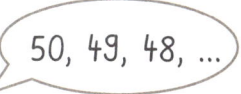 50, 49, 48, …

6 a)    b)

---

1 Kopiervorlage 11 nutzen und einen eigenen Hunderterstreifen herstellen.
5 Teamübung "Vorwärts und rückwärts zählen".

Orientieren am Zahlenstrahl

1

0   10   20   30   40   5

a) ▢   b) ▢   c) ▢   d) ▢   e) ▢

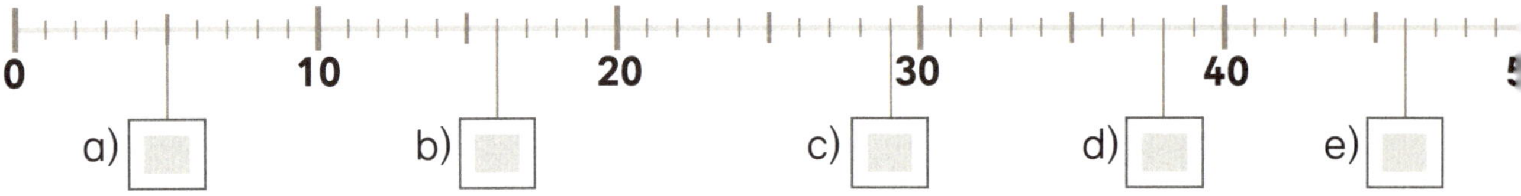

Welche Zahlen gehören zu den Schildern am Zahlenstrahl? Erklärt.

a)	5

2 Der Vorgänger von 28 ist ...   Der Nachfolger von 28 ist ...

25 26 **27** 28 **29** 30 31

Vorgänger	Zahl	Nachfolger
27	28	**29**

Der **Vorgänger** von 28 ist 27.
Der Vorgänger ist um 1 kleiner als die Zahl.
Der **Nachfolger** von 28 ist 29.
Der Nachfolger ist um 1 größer als die Zahl.

Zeigt die Zahl mit **Vorgänger** und **Nachfolger** am Zahlenstrahl.

a) 28   b) 18   c) 35   d) 40   e) 59

3 Notiere jeweils die Zahl mit **Vorgänger** und **Nachfolger**.

a) 49

Vorgänger	Zahl	Nachfolger
48	49	50

b) 66   c) 72   d) 88   e) 91

f) 60   g) 80   h) 100   i) 109

4 Nennt jeweils Vorgänger und Nachfolger. Wechselt euch ab.

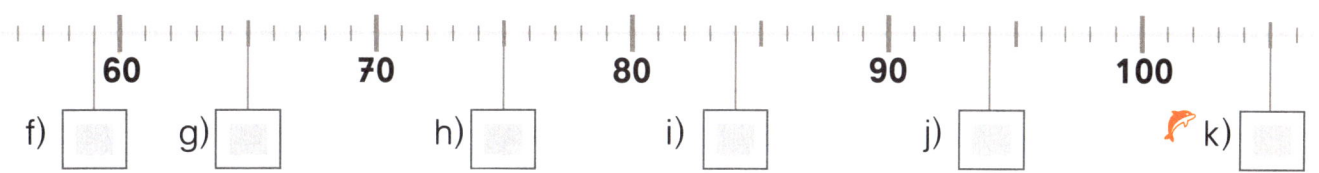

f) [ ] g) [ ] h) [ ] i) [ ] j) [ ] k) [ ]

5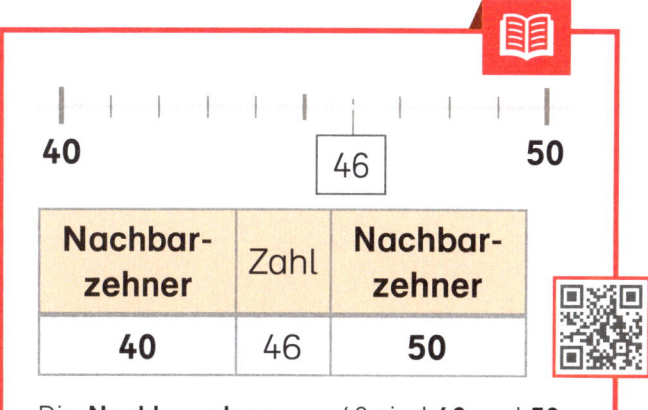

Die **Nachbarzehner** von 46 sind **40** und **50**.

Zeigt die Zahl mit **Nachbarzehnern** am Zahlenstrahl.

a) 46   b) 74   c) 33   d) 62   e) 88

6 Notiere jeweils die Zahl mit **Nachbarzehnern**.

a) 43

Nachbar-zehner	Zahl	Nachbar-zehner
40	43	50

b) 91   c) 48   d) 57

7 Notiere jeweils drei mögliche Zahlen.

a)
Nachbar-zehner	Zahl	Nachbar-zehner
40		50
40		50
40		50

b)
Nachbar-zehner	Zahl	Nachbar-zehner
20		30
20		30
20		30

c)
Nachbar-zehner	Zahl	Nachbar-zehner
50		60
50		60
50		60

8 Kann das stimmen? Begründet.

a) Jede Zahl hat zwei Vorgänger.
b) Zwischen zwei Zehnern liegen neun Zahlen.
c) Jede Zahl hat einen Nachfolger.
d) Es gibt keine Zahl, die größer als 100 ist.
e) Die Zahl 16 hat zwei Nachbarzehner.
f) Es gibt eine Zahl, die drei Nachbarzehner hat.

Wortspeicher nutzen.
6 und 7 Evtl. Kopiervorlage 29 nutzen.

Zahlen vergleichen und ordnen

1 Wo liegen die Zahlen auf dem Zahlenstrahl?

2 Welche Zahlen können es sein? Begründet.

3 Ordne die Zahlen nach der Größe. Beginne mit der kleinsten Zahl.

a) 4 | 40 | 24 | 42

b) 13 | 41 | 31 | 43 | 34

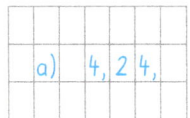

4 Ordne die Zahlen nach der Größe. Beginne mit der größten Zahl.

a) 13 | 6 | 19 | 22

b) 77 | 33 | 44 | 88 | 55

5 Setze ein. < = >. Schreibe in dein Heft.

a) 49 ◯ 43   b) 22 ◯ 25   c) 57 ◯ 57   d) 82 ◯ 28
   47 ◯ 46   96 ◯ 92   80 ◯ 90   57 ◯ 75

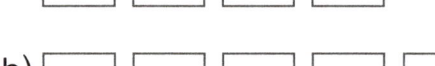

6 Löse die Zahlenrätsel.

a) Meine Zahl ist größer als 32 und kleiner als 34.

b) Meine Zahl steht zwischen 60 und 70. Sie hat 7 Einer.

c) Die Nachbarzahlen meiner Zahl sind 39 und 41.

Zahlenfolgen

1 Findet die Regel.

2 Findet jeweils die Regel. Setzt fort.

a) | 10 | 20 | 30 | | | | | 80 |

b) | 14 | 16 | 18 | | | | | 28 |

a) Regel: immer +10
10, 20, 30,

c) | 24 | 22 | 20 | | | | | 2 |

d) | 37 | 35 | 33 | | | | | 15 |

e) | 3 | 6 | 9 | | | | | 36 |

f) | 48 | 44 | 40 | | | | | 4 |

3 Finde zu jeder Regel eine Zahlenfolge. Schreibe jeweils 5 Zahlen.

a) immer +2      b) immer −2   c) immer +10

d) immer −10   e) immer +5   f) immer +4   g) immer −3

4 Kann das stimmen? Begründet.

a) Ich denke mir die Zahlenfolge 1, 3, 5, 7 … Irgendwann komme ich zur 4.

b) Zu der Regel „immer + 2" kann ich viele Zahlenfolgen finden.

c) Es gibt Zahlenfolgen, die bei der 0 enden.

Geld – Münzen und Scheine

ct bedeutet **Cent**.
€ bedeutet **Euro**.
100 ct = 1 €

1 Ordnet.

a) Cent-Münzen   a) 1 c t , 2 c t ,   b) Euro-Münzen und Euro-Scheine

2 Wie viel Geld ist es jeweils?

a) 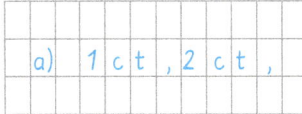 a) 5 1 c t   b)    c)    d)

e) 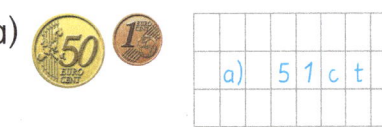   f)   g)    h)

3 a)  a) 2 5 €   b)   c)    d)

e)    f)    g)    h)

4 Legt und zeichnet Scheine und Münzen.

a) 52 €   a) 50 € 2 €   b) 60 €   c) 39 €   d) 42 €

5 Legt und zeichnet Münzen.

a) 75 ct   b) 90 ct   c) 100 ct   d) 65 ct   e)

Wortspeicher nutzen. Aufgaben mit Rechengeld lösen. Evtl. Kopiervorlage 163 nutzen.
4 und 5 Es gibt immer mehrere Möglichkeiten. Diff.: Möglichst wenig Münzen und Scheine legen.
5 e) Offene Aufgabe: Eigenen Geldbetrag legen und Münzen zeichnen.

Geldbeträge

1 Wie könnt ihr die Gegenstände bezahlen? Legt und zeichnet.

a)  12 €
b)  40 ct
c)  15 €
d) 85 ct

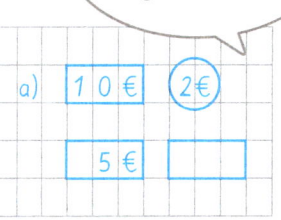

Findet verschiedene Möglichkeiten.

2 Legt und zeichnet.

50 ct
a) mit 3 Münzen
b) mit 4 Münzen
c) mit 5 Münzen

3 Legt und zeichnet.

45 €
a) mit 3 Scheinen
b) mit 4 Scheinen
c) mit 5 Scheinen

4 Legt mit möglichst wenig Münzen. Zeichnet.

a) 15 ct   b) 38 ct   c) 59 ct   d) 83 ct   e) 115 ct

5 Legt mit möglichst wenig Scheinen und Münzen. Zeichnet.

a) 40 €   b) 27 €   c) 88 €   d) 95 €   e) 175 €

6 Wie viel Geld kann es sein?

a) Felix hat vier gleiche Euro-Münzen.
b) Jesmin hat drei gleiche Scheine. Es sind weniger als 100 €.
c) Ella hat fünf Münzen. Es sind nur 1-€-Münzen und 2-€-Münzen.

7 Was kostet ungefähr wie viel? Ordnet die Preise zu. Begründet.

A die Inliner
B  das Brötchen
C  der Monitor
D  das Kartenspiel

50 ct   100 €   5 €   40 €   1 ct

8 Findet Gegenstände, die ungefähr so viel kosten.

a) 50 ct   b) 1 €   c) 10 €   d) 20 €   e) 10 ct

Aufgaben mit Rechengeld lösen.
2, 3 und 6 Es gibt immer mehrere Möglichkeiten. 7 Ein Preis bleibt übrig.
8 In verschiedenen Medien, z.B. in Prospekten oder im Internet recherchieren.

Sachrechnen – Schulbasar

Lotta verkauft auf dem Schulbasar.

1 Könnt ihr die Fragen beantworten? Begründet.

- A Wie teuer ist ein Anhänger?
- B Wie groß ist Lotta?
- C Wie viel kostet ein Armband?
- D Wie viele Steine verkauft Lotta?
- E Was kauft Jan ein?
- F Wie viel kosten zwei Lesezeichen zusammen?

2 Wie viel kostet es jeweils?

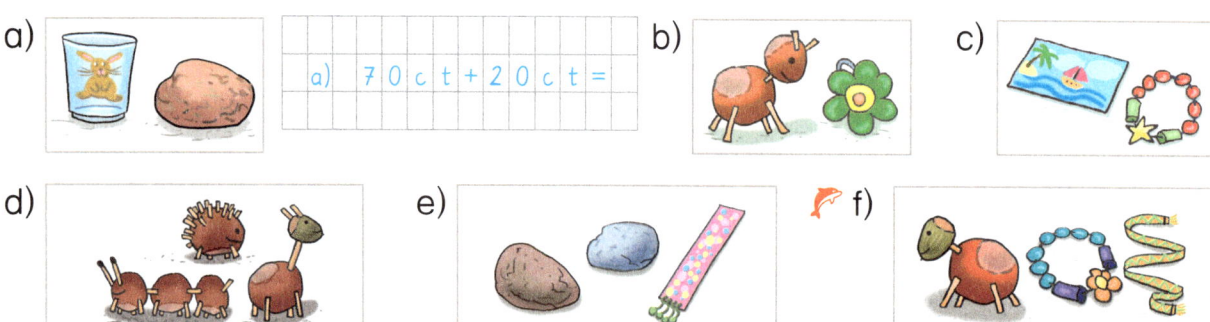

a) 70 ct + 20 ct =

3 Was würdest du kaufen? Schreibe oder zeichne.

a) Du hast 50 ct.   b) Du hast 70 ct.   c) Du hast 80 ct.   d) Du hast 95 ct.

4 Welche Frage passt jeweils? Wählt aus, begründet und schreibt die Frage auf.

a) Noah kauft zwei Gläser.
- A Reicht das Geld?
- B Wie viel muss er bezahlen?
- C Wie viel Geld bekommt er zurück?

b) Sinan hat noch 60 ct. Er möchte zwei Karten kaufen.
- A Wie teuer sind drei Karten?
- B Wie viel Geld hat Paul?
- C Reicht das Geld?

c) Ina kauft einen Stein. Sie bezahlt mit einer 50-ct-Münze.
- A Wie viel Geld bekommt sie zurück?
- B Was kauft Jan?
- C Wie viel Euro hat sie?

Geometrische Körper – Eigenschaften

1 Wie sortieren die Kinder? Beschreibt.

Der Ball rollt.
Der Klebestift kippt und rollt.

die **Eigenschaften** geometrischer Körper

die Quader

Der Quader kippt. | Der Würfel kippt. | Die Kugel rollt. | Der Zylinder kippt und rollt.

2 Sucht weitere Gegenstände. Probiert und sortiert.

kippt | rollt | kippt und rollt

3 Welche Körperformen haben die Gegenstände?

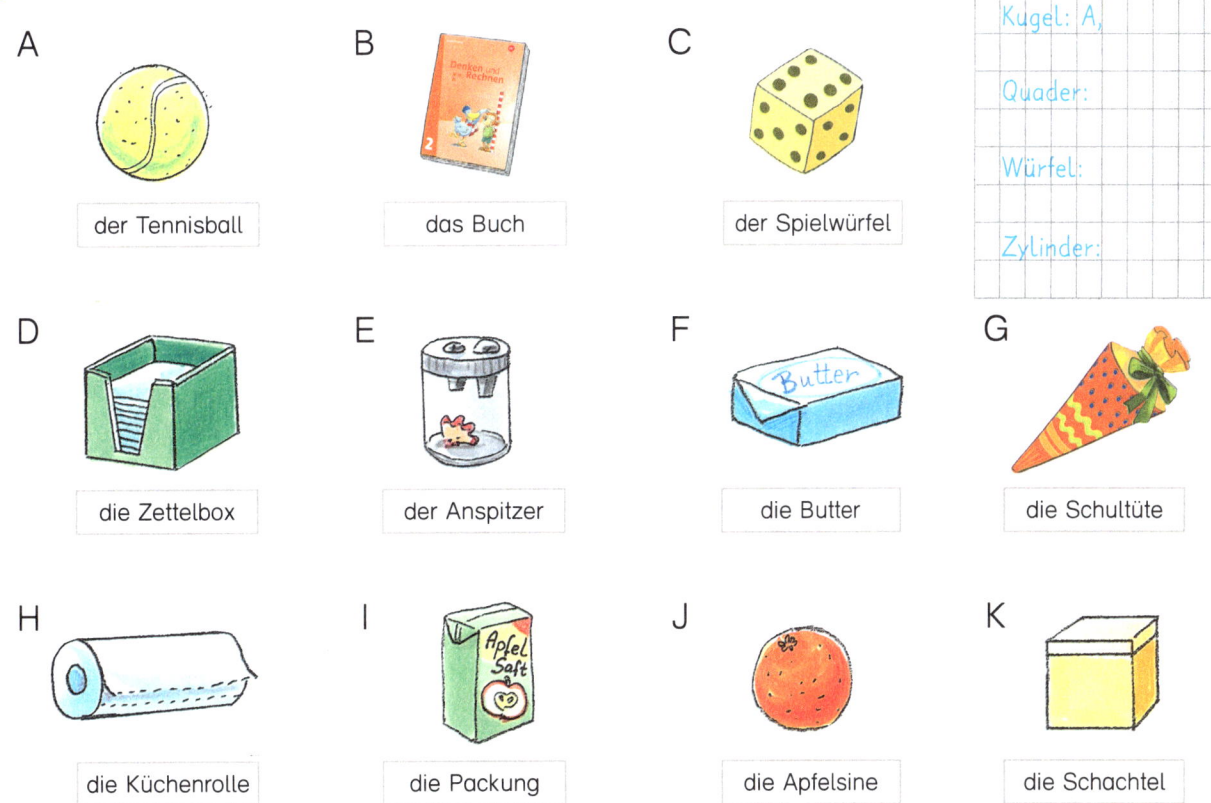

A der Tennisball
B das Buch
C der Spielwürfel

Kugel: A,
Quader:
Würfel:
Zylinder:

D die Zettelbox
E der Anspitzer
F die Butter
G die Schultüte

H die Küchenrolle
I die Packung
J die Apfelsine
K die Schachtel

4 Sucht in eurer Umgebung nach Gegenständen, die diese Körperformen haben.

Wortspeicher nutzen.
4 🖥 Gegenstände sammeln oder fotografieren und sortieren. Tablet nutzen.
Evtl. Kopiervorlage 128 nutzen.

Geometrische Körper – Bauen und beschreiben

1 Formt aus Knete einen Würfel, einen Quader, eine Kugel und einen Zylinder.

2 Untersucht die Körper. Schreibt Steckbriefe.

der **geometrische Körper**

die **Kante**   die **Ecke**

die **Fläche**

3 a) Wie viele Stäbe und Kugeln braucht ihr jeweils? Baut die Körper.

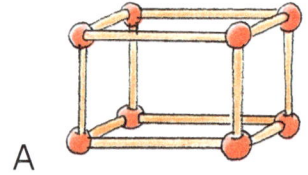

A

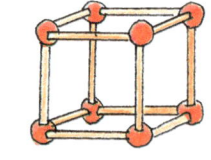

B

b) Warum ist der Würfel eine besondere Form des Quaders? Begründet.

4 Kann das stimmen? Begründet.

a) Jeder Körper hat Ecken und Kanten.

b) Alle Körper können rollen.

c) Jeder Würfel ist auch ein Quader.

d) Jeder Quader ist auch ein Würfel.

e) Ein Würfel hat mehr Ecken als ein Quader.

f) Beim Würfel sind alle Kanten gleich lang.

Verschiedene Ansichten

1 Emma wurde fotografiert.

| von vorn | von oben | von hinten | von links | von rechts |

Ordnet zu.

A  B  C

die **Ansichten**

von oben
von hinten
von links   von rechts
von vorn

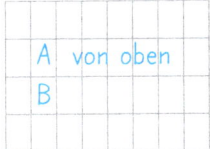

A   von oben
B

D  E

2 Fotografiert Gegenstände aus verschiedenen Ansichten. Ordnet zu.

| von vorn | von oben | von hinten | von links | von rechts |

3 Baut nach. Schaut von allen Seiten.
Von welcher Seite sind die Ansichten gezeichnet?

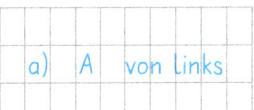

a)   A   von links

a) 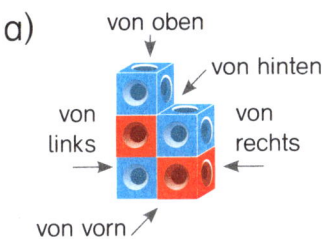   A 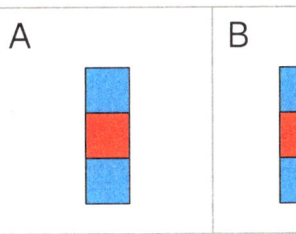   B    C 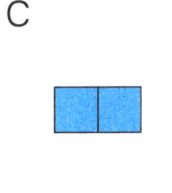   D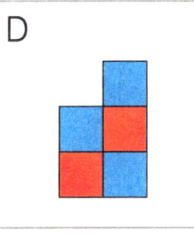

b)    A 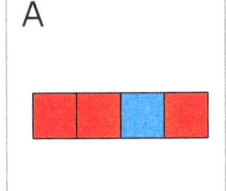   B 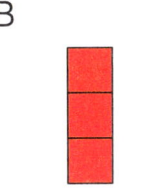   C 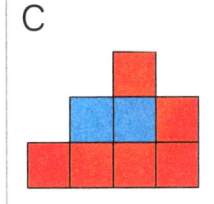   D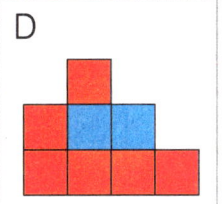

c)    A 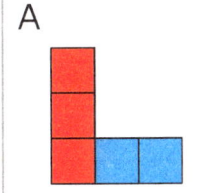   B 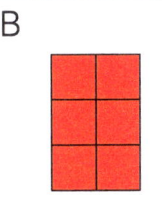   C 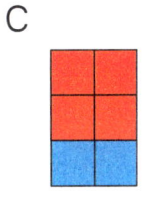   D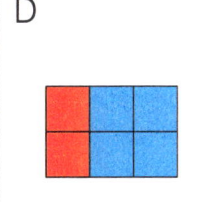

1 Wortspeicher nutzen.
3 Eigene Figuren bauen. Von oben, von vorn, von rechts und von links fotografieren oder Ansichten zeichnen. Tablet nutzen. Evtl. Kopiervorlage 117 nutzen.

Würfelgebäude – Bauen und beschreiben

1 Baut verschiedene Würfelgebäude mit fünf Würfeln. Vergleicht und beschreibt.

> Drei Würfel stehen wie ein Turm übereinander, links und rechts liegt noch je ein Würfel.

> Die fünf Würfel liegen nebeneinander.

---

das Würfelgebäude

die Bauregel:
- Fläche an Fläche
- Kante an Kante

Ich beschreibe mit diesen Wörtern:

links, rechts, übereinander, in der Mitte, zwischen, daneben, nebeneinander, unten

---

2 Baut die Würfelgebäude und beschreibt sie. Baut eigene Würfelgebäude.

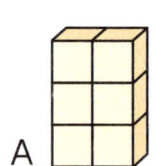 A 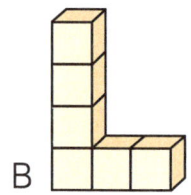 B 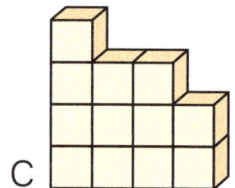 C 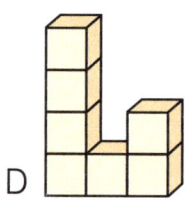 D

3 Baue, was dir ein anderes Kind beschreibt.

> Baue drei Würfel übereinander, rechts daneben einen Würfel, daneben zwei Würfel übereinander.

4 Baut die Würfelgebäude. Was verändert sich? Beschreibt.

 A 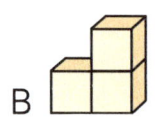 B 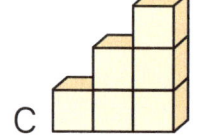 C 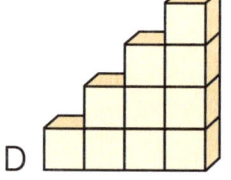 D   Setzt fort.

---

38 Erklärvideo und Wortspeicher nutzen.
1 Rechenkonferenz: verschiedene Möglichkeiten finden und beschreiben.
2 bis 4 Die verschiedenen Würfelgebäude fotografieren.

AH 17
FI 8 24

Würfelgebäude – Baupläne

1 Baut nach diesem Bauplan. `3 2 1` Beschreibt.

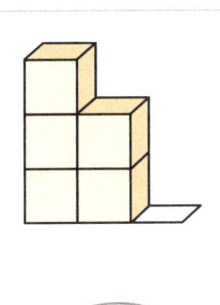

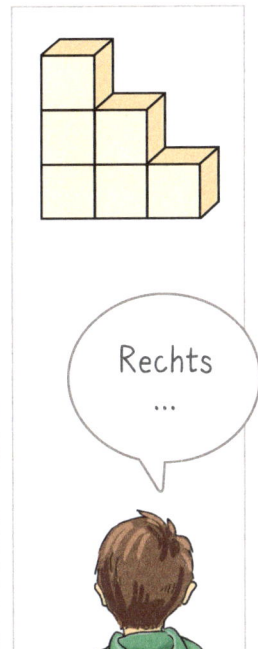
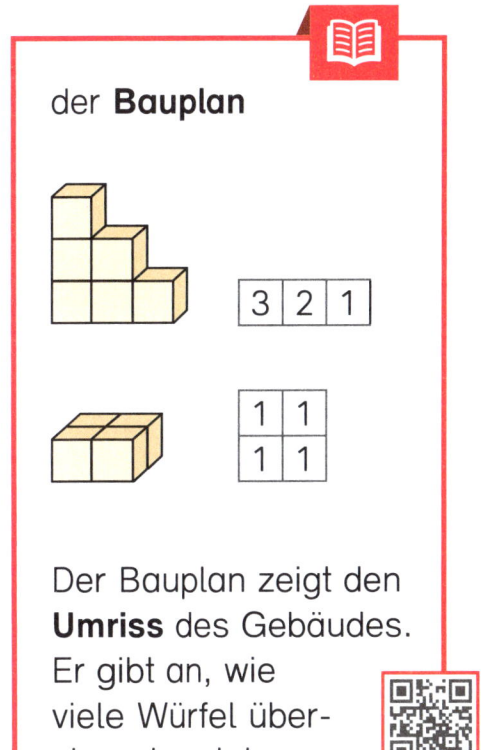

der Bauplan

Der Bauplan zeigt den **Umriss** des Gebäudes. Er gibt an, wie viele Würfel übereinander stehen.

2 Baut die Würfelgebäude nach den Bauplänen. Beschreibt.

a) `1 2 3 4`   b) `2 4 2`   c) `3 1 1 3`   d) `1 2 1 3`

e) `2 2 / 1 1`   f) `3 2 / 2 1`   🐝 g) `1 2 / 2 2`   🐝 h) Schreibt eigene Baupläne und baut.

3 Baut die Würfelgebäude. Schreibt die Baupläne.

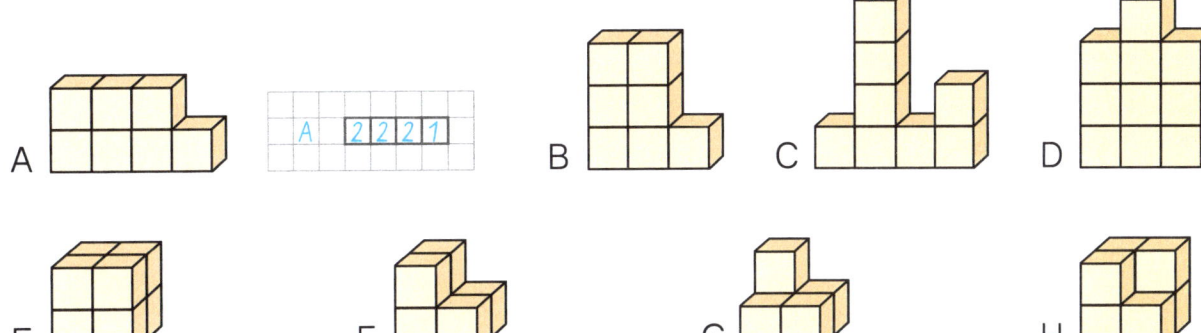

A   (A `2 2 2 1`)   B   C   D

E   F   G   H

4 Baue eigene Würfelgebäude. Schreibe die Baupläne.

Erklärvideo und Wortspeicher nutzen. Die Kopiervorlage 120 nutzen.
3 Karopapier mit 5x5 mm nutzen.
4 Würfelgebäude fotografieren. Evtl. Tablet nutzen.

AH 17
Fl 8 25

Addieren

1 Erklärt und rechnet. $\boxed{24 + 30}$

24 + 30 =

2 Lege und rechne.

a)   b)   c)

a) 2 4 + 4 0 =

d)   e)   f)

3 Lege und rechne.

a) 7 + 10	b) 5 + 20	c) 9 + 30	d) 3 + 40	e) 8 + 80
27 + 20	35 + 30	19 + 40	23 + 60	48 + 20
27 + 30	35 + 40	19 + 50	23 + 50	48 + 40
27 + 40	35 + 50	19 + 60	23 + 70	48 + 30

17 25 39 43 47 57 59 65 67 68 69 73 75 78 79 83 85 88 88 93

4 Zeichne und rechne.

a) 20 + 13	b) 40 + 26	c) 50 + 25	d) 60 + 22
20 + 25	40 + 31	50 + 37	60 + 34
20 + 35	40 + 42	50 + 43	60 + 38
20 + 38	40 + 53	50 + 48	60 + 17

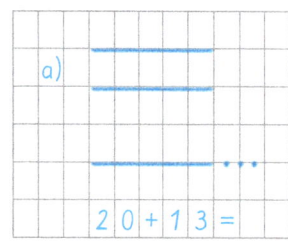

20 + 13 =

33 45 55 58 66 71 75 77 82 82 87 93 93 94 98 98

Evtl. mit Material legen.

Subtrahieren

1 Erklärt und rechnet.   43 − 20

43   −   20   =

2 Lege. Nimm weg. Rechne.

a) 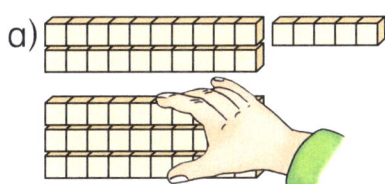   b)    c)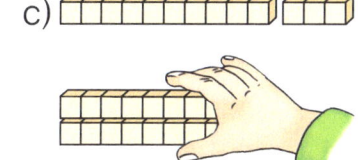

d) 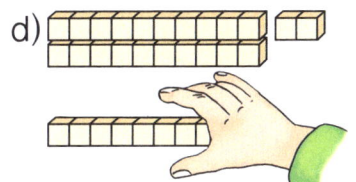   e) 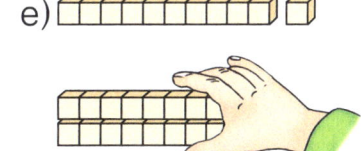   f)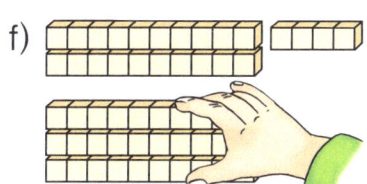

3 Lege. Nimm weg. Rechne.

a) 76 − 10	b) 92 − 10	c) 61 − 10	🐝 d) 89 − 10	🐝 e) 74 − 10
76 − 20	92 − 20	61 − 20	89 − 20	74 − 30
76 − 30	92 − 30	61 − 30	89 − 40	74 − 50

24 31 41 44 46 49 51 56 62 64 66 69 72 79 82

4 Zeichne und rechne.

a) 34 − 10   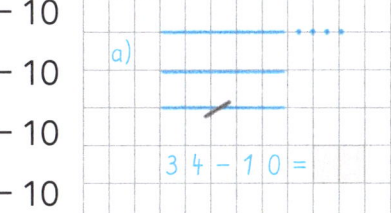   b) 42 − 20   🐝 c) 35 − 30   🐝 d) 53 − 40
   44 − 10   45 − 20   45 − 30   63 − 40
   54 − 10   55 − 20   47 − 30   84 − 40
   56 − 10   57 − 20   53 − 30   95 − 40

5 13 15 17 22 23 23 24 25 34 35 37 44 44 46 55

Evtl. mit Material legen.

Rechenstrategien – Analogieaufgaben addieren

Mir hilft die kleine Aufgabe 3 + 6.

43 + 6

Rechenstrategie
Große und kleine Aufgabe

Die kleine Aufgabe hilft mir beim Rechnen.

43 + 6

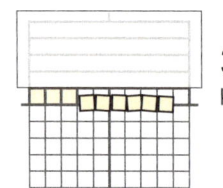 3 + 6 = ▨
kleine Aufgabe

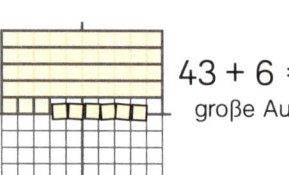 43 + 6 = ▨
große Aufgabe

1 a) 14 + 4   b) 13 + 3   c) 12 + 7   d) 25 + 2   e) 31 + 6

     4 + 4   3 + 3   2 + 7   5 + 2   1 + 6

     14 + 4   13 + 3   12 + 7   25 + 2   31 + 6

2 a) 3 + 3   b) 2 + 7   🐝 c) 5 + 4

     23 + 3   22 + 7   45 + 4

     53 + 3   42 + 7   65 + 4

     63 + 3   62 + 7   75 + 4

🔦 6   9   9   26   29   49   49   56   66   69   69   79

3 Finde passende große Aufgaben. Schreibe in dein Heft.
a) 3 + 5   b) 2 + 6
    ▨ + ▨   ▨ + ▨
    ▨ + ▨   ▨ + ▨

4 Setze fort. Rechne.

a) 23 + 2
    23 + 3
    23 + 4
    23 + ▨

a)	2	3	+	2	=	
	2	3	+	3	=	
	2	3	+	4	=	
	2	3	+		=	

b) 2 + 5
    12 + 5
    22 + 5
    32 + ▨

c) 44 + 1
    34 + 2
    24 + 3
    14 + ▨

d) Welches Päckchen beschreibt Florian?

 „Der erste Summand wird immer um 10 größer. Der zweite Summand bleibt immer gleich. Deshalb wird die Summe immer um 10 größer."

e) Beschreibt ein anderes Päckchen.

Rechenstrategien – Analogieaufgaben subtrahieren

68 – 6

Mir hilft die kleine Aufgabe 8 – 6.

Rechenstrategie
Große und kleine Aufgabe

Die kleine Aufgabe hilft mir beim Rechnen.

68 – 6

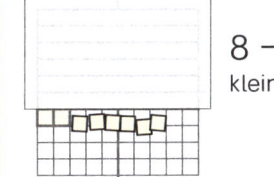
8 – 6 =
kleine Aufgabe

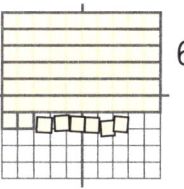
68 – 6 =
große Aufgabe

1 a) 14 – 3   b) 17 – 5   c) 19 – 4   d) 28 – 6   e) 37 – 3

   4 – 3   7 – 5   9 – 4   8 – 6   7 – 3
   14 – 3   17 – 5   19 – 4   28 – 6   37 – 3

2 a) 6 – 4   b) 5 – 2   c) 9 – 7   **3** Finde passende große
   16 – 4   15 – 2   29 – 7   Aufgaben. Schreibe in
   36 – 4   55 – 2   49 – 7   dein Heft.
   46 – 4   65 – 2   69 – 7   a) 8 – 5   b) 9 – 6
                                                  –   –
   🔦 2 2 3 12 13 22 32 42 42 53 62 63
                                                  –   –

4 Setze fort. Rechne.

a) 9 – 7   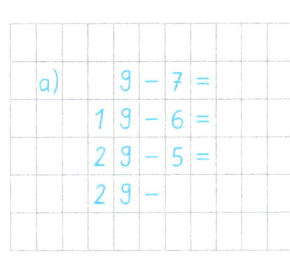   b) 5 – 3   c) 64 – 2
   19 – 6   15 – 3   54 – 2
   29 – 5   25 – 3   44 – 2
   39 –   35 –   34 –

d) Welches Päckchen beschreibt Tim?   👥 e) Beschreibt ein anderes Päckchen.

„Der Minuend wird immer um 10 größer.
Der Subtrahend wird immer um 1 kleiner.
Deshalb wird die Differenz immer um 11 größer."

Erklärvideo und Wortspeicher nutzen. Analogien nutzen.
Evtl. mit Material legen.
1 Evtl. Kopiervorlage 82 nutzen.

Addieren – Rechenwege

1 Erklärt und rechnet. $\boxed{43 + 25}$

 die Rechenkonferenz

```
43 + 25
43 + 20 = 63
63 +  5 =
                 Ali
```

```
43 + 25
40 + 20 = 60
 3 +  5 =  8
60 +  8 =
                 Nele
```

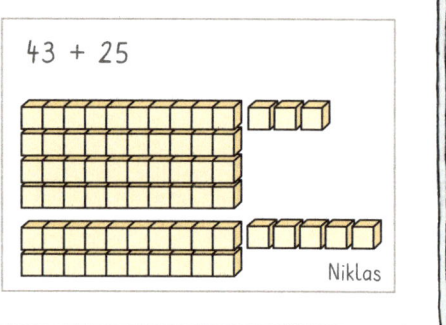
43 + 25
Niklas

2 Rechne auf deinem Weg.

a) $\boxed{15 + 14}$ b) $\boxed{11 + 18}$ c) $\boxed{16 + 13}$ 🐝 d) $\boxed{17 + 12}$ 🐝 e) $\boxed{14 + 15}$

$\boxed{15 + 34}$ $\boxed{11 + 38}$ $\boxed{16 + 43}$ $\boxed{17 + 52}$ $\boxed{14 + 65}$

29 29 29 29 29 49 49 59 69 79

3 a) 45 + 13   b) 55 + 11   c) 63 + 14   🐝 d) 46 + 12   🐬 e) 38 + 45

45 + 33   55 + 21   63 + 34   46 + 32   38 + 55

58 58 66 76 77 78 78 83 93 97

4 Setze fort.

a) 23 + 5   b) 34 + 3   c) 86 + 12   d) 45 + 21   e) 61 +
   23 + 15   34 + 13   76 + 12   45 + 22   62 +
   23 + 25   34 + 23   66 + 12   45 + 23   63 +
   23 +   34 +   56 +   45 +   64 +

5 Beschreibt und erklärt die Fehler der Kinder.

```
42 + 35
42 + 30 = 72
              Alex
```

```
31 + 42
31 + 40 = 71
71 +  2 = 91
              Mara
```

```
34 + 52
30 + 50 = 80
 4 +  2 =  6
              Fatma
```

Subtrahieren – Rechenwege

1 Erklärt und rechnet. 57 − 23

die Rechenkonferenz

57 − 23
57 − 20 = 37
37 − 3 =
Ben

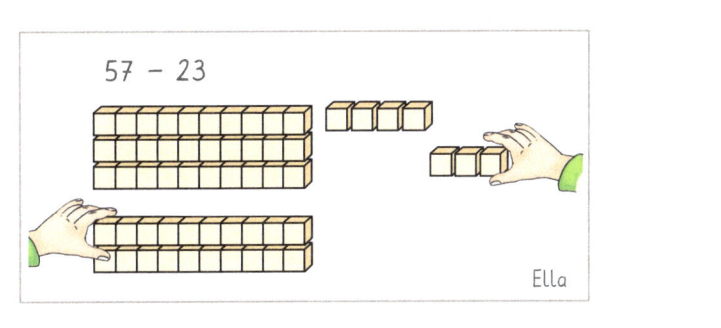
57 − 23
Ella

2 Rechne auf deinem Weg.

a) 25 − 11   b) 26 − 15   c) 28 − 14 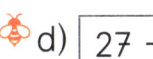 d) 27 − 13  e) 29 − 16

   35 − 11   46 − 15   48 − 14   37 − 13   49 − 16

11 13 14 14 14 24 24 31 33 34

3 a) 34 − 12   b) 45 − 13   c) 59 − 14   d) 68 − 15   e) 82 − 37
    34 − 22   45 − 23   59 − 24   68 − 35   82 − 57

12 22 22 25 32 33 35 45 45 53

4 Setze fort.

a) 87 − 4   b) 69 − 7   c) 86 − 15   d) 65 − 15   e) 78 −
   87 − 14   69 − 17   76 − 15   65 − 14   76 −
   87 − 24   69 − 27   66 − 15   65 − 13   74 −
   87 −   69 −   56 −   65 −   72 −

5 Beschreibt und erklärt die Fehler der Kinder.

54 − 31
54 − 30 = 24
Ali

87 − 32
87 − 30 = 57
57 + 2 = 59
Melek

69 − 42
69 − 4 = 65
65 − 2 = 63
Azra

Häufigkeiten – Balkendiagramme und Tabellen

1 Jedes Kind der Klasse 2c hat einen Würfel gelegt.

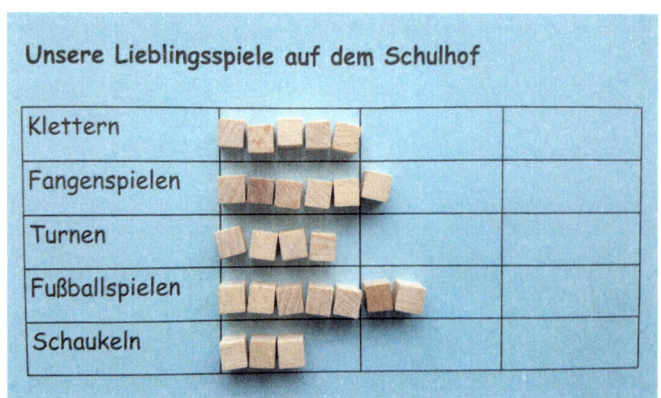

das **Balkendiagramm**

a) Welches Spiel nannten die wenigsten Kinder?

a) Die wenigsten Kinder nannten ...

b) Welches Spiel nannten die meisten Kinder?
c) Wie viele Kinder spielen am liebsten Fangen?
d) Wie viele Kinder klettern am liebsten?
e) Welches Spiel wurde von vier Kindern genannt?
f) Wie viele Kinder sind in der Klasse 2c?
g) Zeichne zu den Lieblingsspielen der Klasse 2c ein Balkendiagramm in dein Heft.

2 Die Klasse 2a hat eine Umfrage zu ihren Lieblingsspielen durchgeführt. Zeichne zu der Tabelle ein Balkendiagramm in dein Heft.

Klettern	III	3
Fangenspielen	HHT	5
Turnen	II	2
Fußballspielen	HHT II	7
Schaukeln	HHT I	6

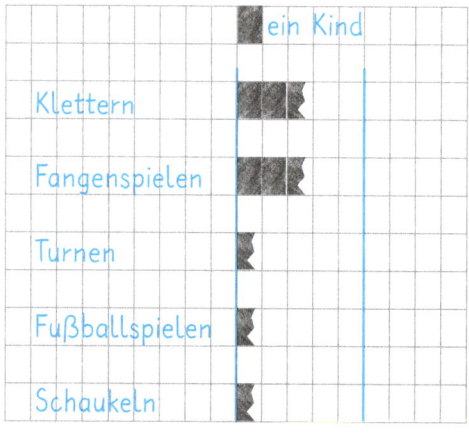

3 Die Kinder im 2. Schuljahr nannten ihre Lieblingsspiele auf dem Schulhof. Erstelle zu dem Balkendiagramm eine Tabelle in deinem Heft.

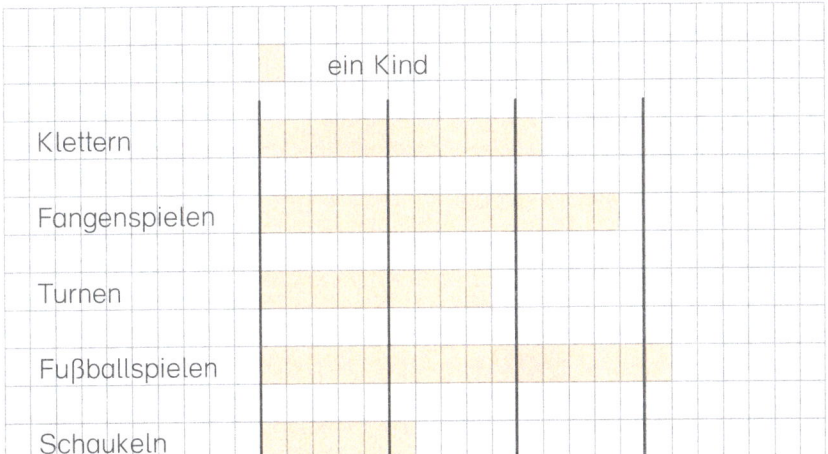

Klettern	11
Fangenspielen	
Turnen	
Fußballspielen	
Schaukeln	

4 Welches sind eure Lieblingsspiele? Führt eine Umfrage in eurer Klasse durch. Erstellt dazu ein Balkendiagramm und eine Tabelle.

5 Die Mädchen und Jungen nannten ihre Lieblingsspiele.
a) Erstellt eine Tabelle dazu in eurem Heft.

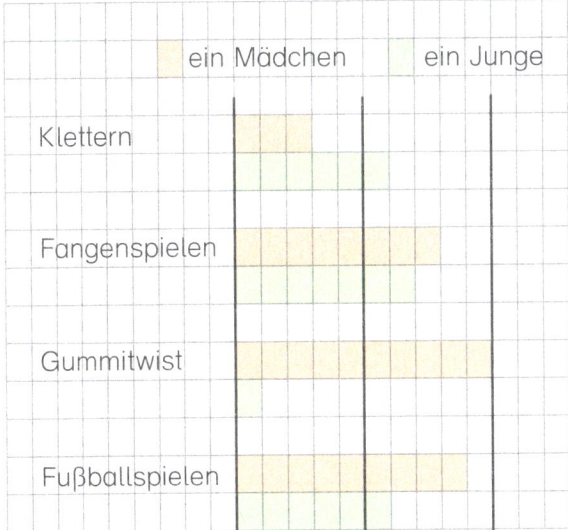

	Mädchen	Jungen	Gesamt
Klettern	3	6	
Fangenspielen			
Gummitwist			
Fußballspielen			
Gesamt			

b) Stellt euch gegenseitig Fragen und beantwortet sie.

 Wie viele Mädchen spielen am liebsten Fußball?

9 Mädchen spielen am liebsten Fußball.

4 Klassenumfrage. Lieblingsspiele der eigenen Klasse erfragen, darstellen und auswerten. Evtl. Kopiervorlage 211 nutzen.
3 und 5 Evtl. Kopiervorlage 208 nutzen. 5 b) Fragen evtl. im Heft notieren.

Subtrahieren

1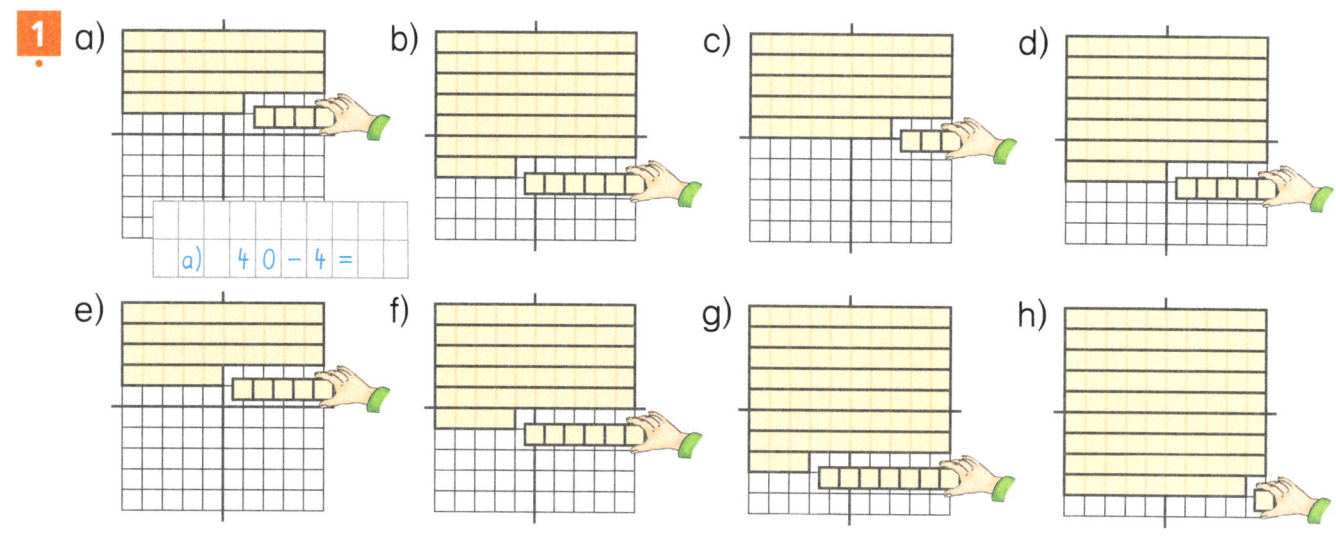

a) 4 0 – 4 =

2
a) 10 – 3	b) 50 – 1	c) 10 – 1	d) 60 – 4	e) 10 – 6
20 – 3	50 – 2	20 – 2	60 – 5	20 – 6
30 – 3	50 – 3	30 – 3	60 – 6	30 – 6
40 – 3	50 – 4	40 – 4	60 – 7	40 – 6

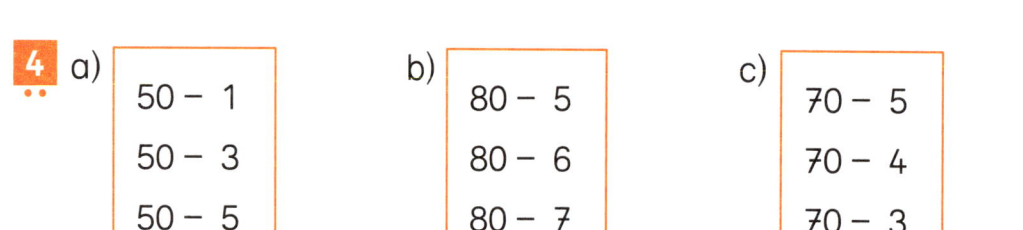

4 7 9 14 17 18 24 27 27 34 36 37 46 47 48 49 53 54 55 56

3
a) 30 – 4	b) 70 – 3	c) 90 – 2	d) 30 – 15	e) 20 – 11
60 – 4	80 – 4	80 – 3	80 – 15	30 – 11
80 – 4	70 – 5	40 – 4	40 – 15	50 – 11
90 – 4	80 – 6	20 – 5	90 – 15	70 – 11

9 15 15 19 25 26 36 39 56 59 65 65 67 74 75 76 76 77 86 88

4
a)	b)	c)	d)
50 – 1	80 – 5	70 – 5	90 – 50
50 – 3	80 – 6	70 – 4	90 – 52
50 – 5	80 – 7	70 – 3	90 – 54
▩ – ▩	▩ – ▩	▩ – ▩	▩ – ▩

e) Welches Päckchen beschreibt Pauline?

„Der Minuend bleibt immer gleich.
Der Subtrahend wird immer um 1 größer.
Die Differenz wird deshalb immer um 1 kleiner."

f) Beschreibt die anderen Päckchen.

Evtl. mit Material legen.

Ergänzen

1 Lege und ergänze zur nächsten Zehnerzahl.

a) 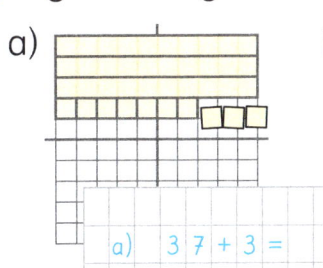   b) 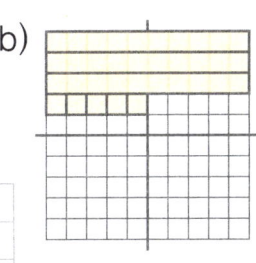   c) 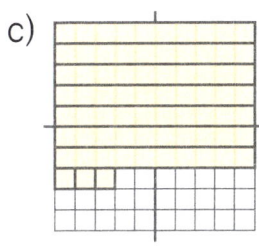   d)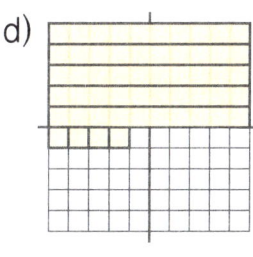

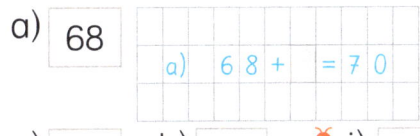

2 Ergänze zur nächsten Zehnerzahl.

a) 68   b) 17   c) 33   d) 55   e) 77   f) 92

g) 25   h) 34   🐝 i) 61   🐝 j) 67   🐝 k) 74   🐬 l) 103   🐬 m) 117

3 Ergänzt jeweils zur nächsten Zehnerzahl. Wechselt euch ab.

 36

 Die nächste Zehnerzahl ist 40, also ist 36 + 4 = 40.

4 Ergänze. Schreibe in dein Heft.

a) 15 + ☐ = 18   b) 23 + ☐ = 29   c) 78 + ☐ = 78   🐝 d) 83 + ☐ = 85
11 + ☐ = 18   24 + ☐ = 29   76 + ☐ = 77   81 + ☐ = 87
16 + ☐ = 18   25 + ☐ = 29   74 + ☐ = 76   84 + ☐ = 86
13 + ☐ = 18   26 + ☐ = 29   72 + ☐ = 75   85 + ☐ = 89

5 Wie heißt die Zahl?

a) Wenn du zu meiner Zahl 7 addierst, erhältst du 50.

b) Wenn du zu meiner Zahl 8 addierst, erhältst du 100.

c) Wenn du zu meiner Zahl 9 addierst, erhältst du 99.

Addieren – Rechenstrategien

1 Erklärt und rechnet. $28 + 7$

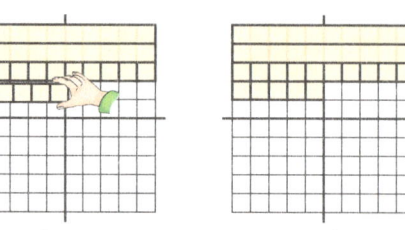

$$28 + 7$$
$$28 + 2 = 30$$
$$30 + 5 =$$

„Ich lege 28."
„Bis zur 30 sind es 2. $28 + 2 = 30$."
„Dann lege ich noch 5, denn $2 + 5 = 7$."
„Zusammen sind es 35."

2 Rechne erst bis zur Zehnerzahl, dann weiter.

a) $25 + 8$ $\quad$ a) $25 + 8$ $\quad$ b) $28 + 6$ $\quad$ c) $27 + 6$ $\quad$ d) $29 + 5$
 $45 + 8$ $\quad$ $25 + 5 = 30$ $\quad$ $48 + 5$ $\quad$ $57 + 6$ $\quad$ $59 + 5$
 $30 + 3 =$

33 33 34 34 53 54 63 64

3 Erklärt und rechnet.
Rechenstrategie Nah an der 10.

$37 + 9$

$$37 + 9$$
$$37 + 10 = 47$$
$$37 + 9 =$$ ↘ -1

4 Rechne zuerst die leichte Aufgabe mit 10.

a) $46 + 9$ $\quad$ a) $46 + 9$ $\quad$ b) $57 + 9$ $\quad$ c) $72 + 9$ $\quad$ d) $63 + 9$
 $75 + 9$ $\quad$ $46 + 10 = 56$ $\quad$ $34 + 9$ $\quad$ $28 + 9$ $\quad$ $88 + 9$
 $46 + 9 =$

5 Rechne auf deinem Weg.

a) $6 + 8$ $\qquad$ b) $3 + 9$ $\qquad$ c) $5 + 7$ $\qquad$ d) $5 + 8$ $\qquad$ e) $7 + 4$
 $16 + 8$ $\qquad$ $13 + 9$ $\qquad$ $15 + 7$ $\qquad$ $35 + 8$ $\qquad$ $17 + 14$
 $26 + 8$ $\qquad$ $23 + 9$ $\qquad$ $25 + 7$ $\qquad$ $55 + 8$ $\qquad$ $47 + 24$
 $36 + 8$ $\qquad$ $33 + 9$ $\qquad$ $35 + 7$ $\qquad$ $65 + 8$ $\qquad$ $57 + 34$

11 12 12 13 14 22 22 24 31 32 32 34 42 42 43 44 63 71 73 91

1 Erklärvideo nutzen. Evtl. Material nutzen.
3 Rechenstrategien besprechen.
5 Analogien nutzen.

Subtrahieren – Rechenstrategien

1 Erklärt und rechnet. $63 - 8$

die Rechenkonferenz

Ich lege 63.

Bis zur 60 nehme ich 3 weg. $63 - 3 = 60$

Ich tausche 1 Z gegen 10 E.

Dann noch 5 weg, denn $3 + 5 = 8$.

55 bleiben übrig.

$63 - 8$
$63 - 3 = 60$
$60 - 5 =$

2 Rechne erst bis zur Zehnerzahl, dann weiter.

a) $22 - 4$
$32 - 4$

a) $22 - 4$
$22 - 2 = 20$
$20 - 2 =$

b) $28 - 9$
$65 - 7$

c) $24 - 6$
$44 - 6$

d) $26 - 8$
$56 - 8$

18 18 18 19 28 38 48 58

3 Erklärt und rechnet. Rechenstrategie **Nah an der 10**.

$37 - 9$

$37 - 9$
$37 - 10 = 27$ +1
$37 - 9 =$

4 Rechne zuerst die leichte Aufgabe mit 10.

a) $42 - 9$
$53 - 9$

b) $64 - 9$
$87 - 9$

c) $78 - 9$
$36 - 9$

d) $95 - 9$
$67 - 9$

5 Rechne auf deinem Weg.

a) $15 - 6$
$25 - 6$
$35 - 6$
$45 - 6$

b) $17 - 9$
$27 - 9$
$37 - 9$
$47 - 9$

c) $14 - 8$
$24 - 8$
$44 - 8$
$54 - 8$

d) $13 - 6$
$33 - 6$
$43 - 6$
$63 - 6$

e) $16 - 7$
$26 - 17$
$76 - 27$
$96 - 37$

6 7 8 9 9 9 16 18 19 27 28 29 36 37 38 39 46 49 57 59

Erklärvideo nutzen. 1 Evtl. mit Material legen.
3 Rechenstrategien besprechen.
5 Analogien nutzen.

AH 27 FÖ 38–39
FO 21 FI 6 40–42

51

Umkehraufgaben

1 Erklärt und rechnet.

24 + 3 =
    − 3 =

Umkehraufgaben
24 + 3 = 27
27 − 3 = 24

2 Rechne Aufgabe und Umkehraufgabe.

a) 52 + 6
    − 6

a) 5 2 + 6 = 5 8
   5 8 − 6 =

b) 35 + 4
    − 4

c) 63 + 5
    − 5

d) 73 + 3
    − 3

3 Rechne Aufgabe und Umkehraufgabe.

a) 43 + 5

a) 4 3 + 5 = 4 8
   4 8 − 5 =

b) 24 + 8

c) 55 + 9

d) 64 + 7

e) 91 + 6

🐝 f) 83 + 8

🐝 g) 73 + 9

🐝 h) 92 + 7

4 Richtig oder falsch? Prüfe mit der Umkehraufgabe.

a) 6 8 − 6 = 6 0   Lia

a) 6 0 + 6 = 6 6
Lia: falsch

b) 3 5 − 6 = 3 1   Ole

c) 4 5 − 7 = 3 8   Mehmet

d) 5 8 − 9 = 4 8   Kaja

🐝 e) 7 1 − 9 = 6 2   Vicco

🐝 f) 4 2 − 8 = 4 6   Lars

🐝 g) 9 4 − 9 = 8 5   Melek

5 Wie heißt die Zahl?

Wenn du von meiner Zahl 7 subtrahierst, erhältst du 65.

Subtrahiere von meiner Zahl 6. Nun erhältst du 89.

Wenn du zu meiner Zahl 9 addierst, erhältst du 55.

Zum Knobeln

 1 Finn sieht in einem Gehege Esel und Strauße.
Er zählt zusammen 14 Beine.
Wie viele Esel könnten es sein?
Wie viele Strauße könnten es sein?

der Esel   der Strauß

a) Löse die Aufgabe auf deinem Weg.

b) Vergleicht eure Lösungen. Wie viele Möglichkeiten gibt es?

 2 Im Gehege sind Esel und Strauße.

Samira sieht 18 Beine.
Wie viele Esel könnten es sein?
Wie viele Strauße könnten es sein?
Findet alle Möglichkeiten.

Ein Esel hat so viele Beine wie zwei Strauße.

a) Löse die Aufgabe auf deinem Weg.

b) Vergleicht eure Lösungen.
Wie viele Möglichkeiten gibt es?

 3 Im Terrarium sind Mäuse und Spinnen.

a) Zusammen haben die Tiere 24 Beine.
Wie viele Mäuse könnten es sein?
Wie viele Spinnen könnten es sein?

b) Findet alle Möglichkeiten.
Wie viele Möglichkeiten gibt es?

1, 2 und 3 Verschiedene Lösungsstrategien vergleichen.
Jeweils verschiedene Lösungen möglich.

Sachrechnen – Im Zoo

Im Internet kannst du Informationen über den Zoo finden.

1 Welche Frage passt jeweils?
Wählt aus und begründet. Rechnet und antwortet.

Zoo – Eintritt
Erwachsene 12 €
Kinder 6 €
Lageplan 2 €
Zoobuch 4 €

a)
- A Wie viel Geld haben sie?
- B Wie viel Geld bekommen sie zurück?
- C Wie viel Geld müssen sie insgesamt bezahlen?

b)
- A Wie viel Geld bekommt das Kind zurück?
- B Wie viel Geld hat der Zoo heute eingenommen?
- C Wie viel kostet der Eintritt für Erwachsene?

c)  *Ich habe 50 €. Ich kaufe das Zoobuch.*
- A Wie lange ist der Zoo geöffnet?
- B Wie viel kosten Plan und Buch zusammen?
- C Wie viel Geld bekommt sie zurück?

d) Jana hat noch 10 €. Sie möchte drei Zoobücher kaufen.
- A Wie viel Geld hat Janas Freundin?
- B Reicht das Geld?
- C Wie viel kostet der Eintritt?

e) Furkan und sein Vater gehen in den Zoo.
- A Wann gehen sie in den Zoo?
- B Wie viel Geld müssen sie bezahlen?
- C Reicht das Geld?

2 Schreibe jeweils eine passende Frage. Rechne und antworte.

a) Pelin geht mit ihrer Oma und ihrem Opa in den Zoo.

b) Für die Flugschau der Greifvögel haben sich 13 Mädchen, zehn Jungen und vier Begleitpersonen angemeldet.

c) Nele hat noch 21 €. Sie kauft einen Lageplan.

d) Jonas geht mit seinen vier Freunden in den Zoo.

Internetadresse des örtlichen Zoos herausfinden.
1 und 2 Jeweils passende Frage, Rechnung und Antwort ins Heft notieren.

Orientierung – Zooplan

1 Stellt euch gegenseitig Suchaufgaben.

2 Suche das Feld im Zooplan.

Evtl. Tiernamen klären.
Evtl. Begriff Planquadrat einführen.

Formen und Figuren – Knobeln

1 Stellt aus quadratischem Papier diese Formen her.

2 Rechtecke 4 Quadrate 2 große Dreiecke 4 kleine Dreiecke

2 Legt diese Figur mit den Formen aus.
Findet verschiedene Möglichkeiten. Vergleicht.

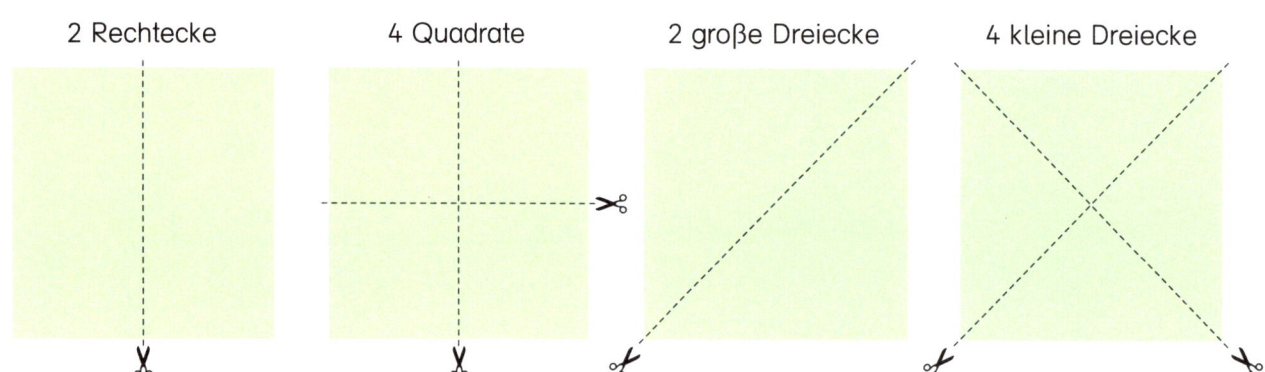

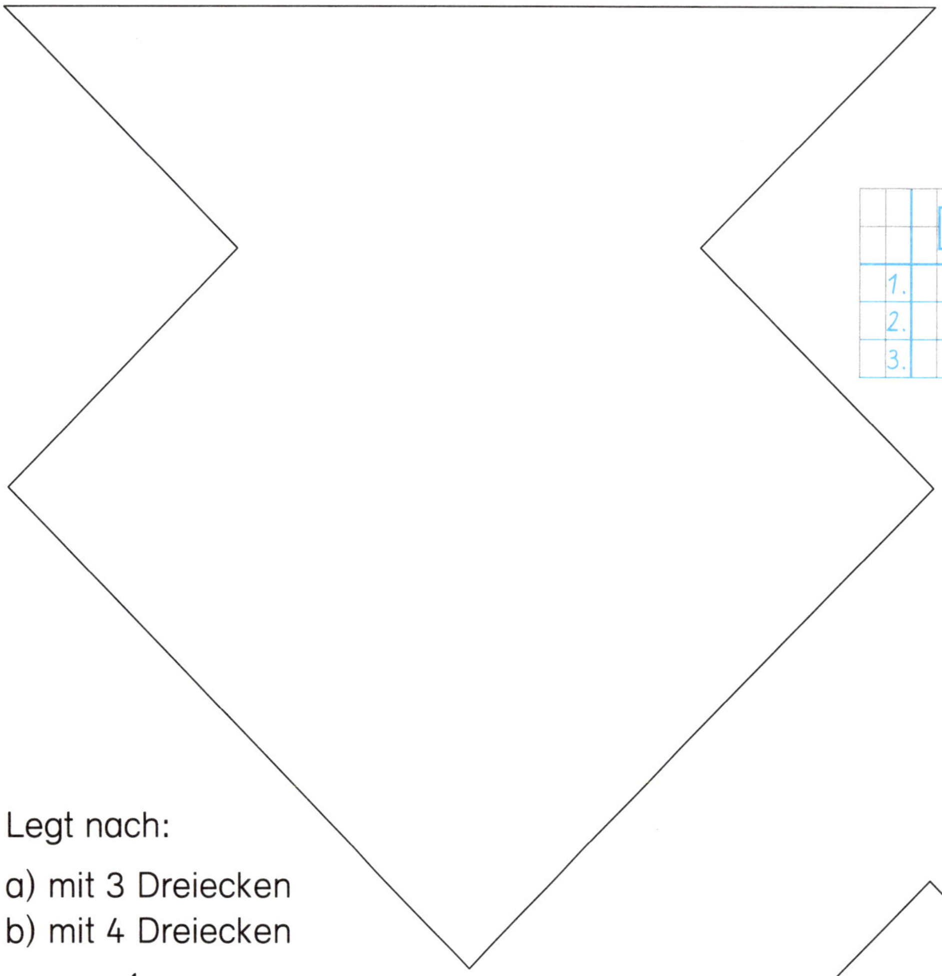

3 Legt nach:
a) mit 3 Dreiecken
b) mit 4 Dreiecken

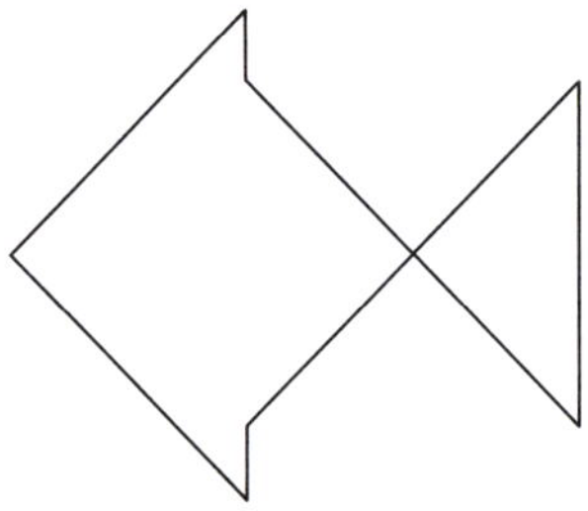

4 Legt nach:
a) mit 7 Formen
b) mit 8 Formen

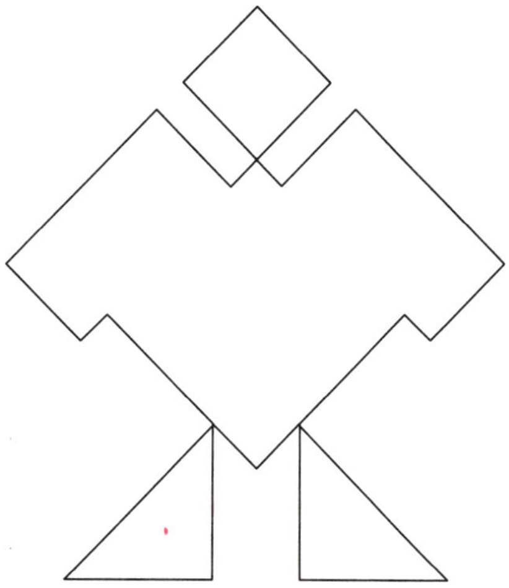

56
1 Quadratisches Papier aus Zettelbox (9 cm x 9 cm) nutzen. Evtl. Kopiervorlagen 115 und 116 nutzen.
2 6 Möglichkeiten 4 a) 4 Möglichkeiten, b) 6 Möglichkeiten
2 bis 4 Jeweils die gelegten Figuren fotografieren.

Geometrische Formen

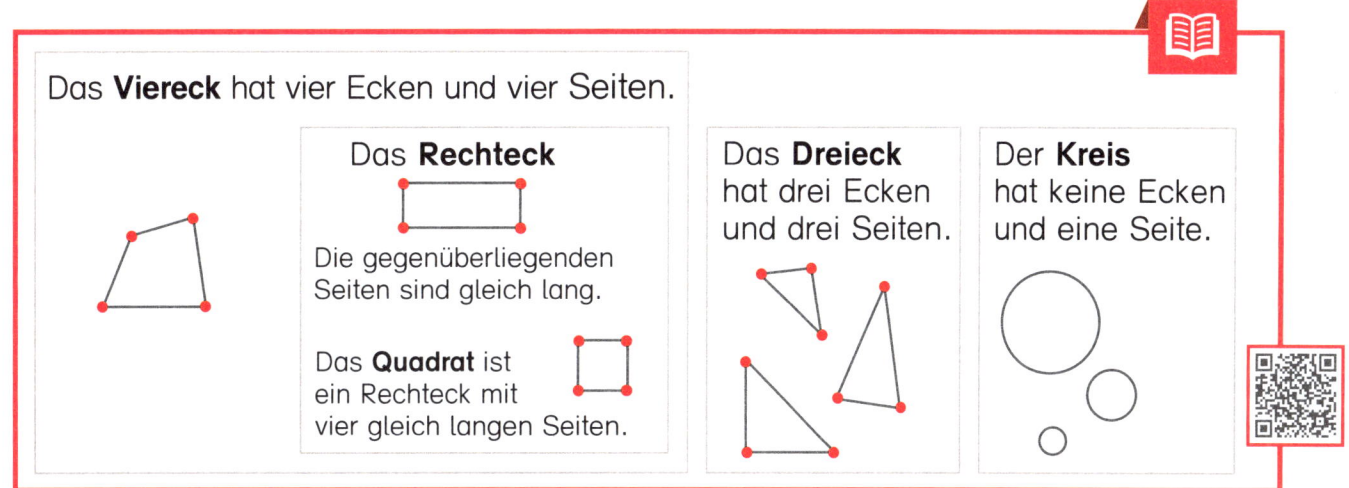

1 Stellt verschiedene Vierecke, Dreiecke und Kreise her. Sortiert sie auf Plakate.

2 Welche Form passt jeweils nicht? Begründet.

a) Quadrate   b) Rechtecke   c) Dreiecke   d) Kreise

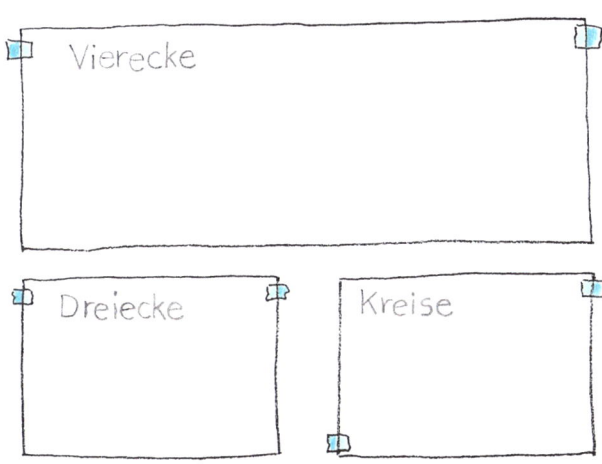

3 Kann das stimmen? Begründet.

a) Jedes Viereck ist ein Rechteck.

b) Jedes Quadrat ist ein Rechteck.

Geometrische Formen – Muster

1 Zeichne das Muster freihand ab.
Kreise erst das Grundmuster ein und setze fort.

A

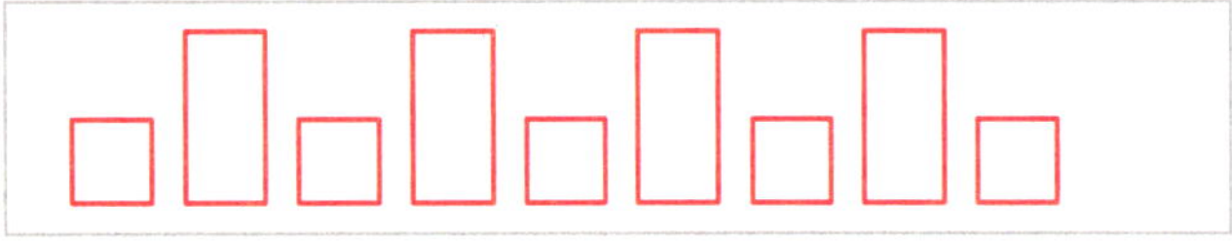

B

C

> Das **Grundmuster** wiederholt sich immer.
>
> Ein Muster kann ich nach links und rechts fortsetzen. 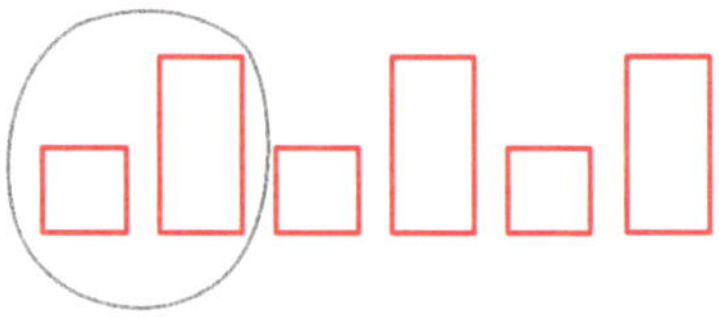

2 Zeichne eigene Muster freihand. Kreise das Grundmuster ein.

3 Kontrolliert die Muster. Findet jeweils den Fehler. Zeigt und beschreibt.

A

B

C

4 Zeichne die Muster in dein Heft und setze fort.

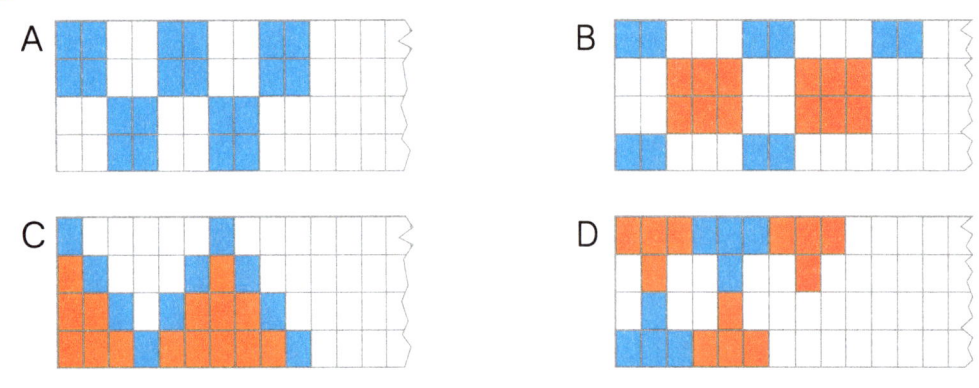

A   B   C   D

Erklärvideo und Wortspeicher nutzen.
Diff.: Mit digitalen Werkzeugen eigene Muster erstellen.

Faltprojekt

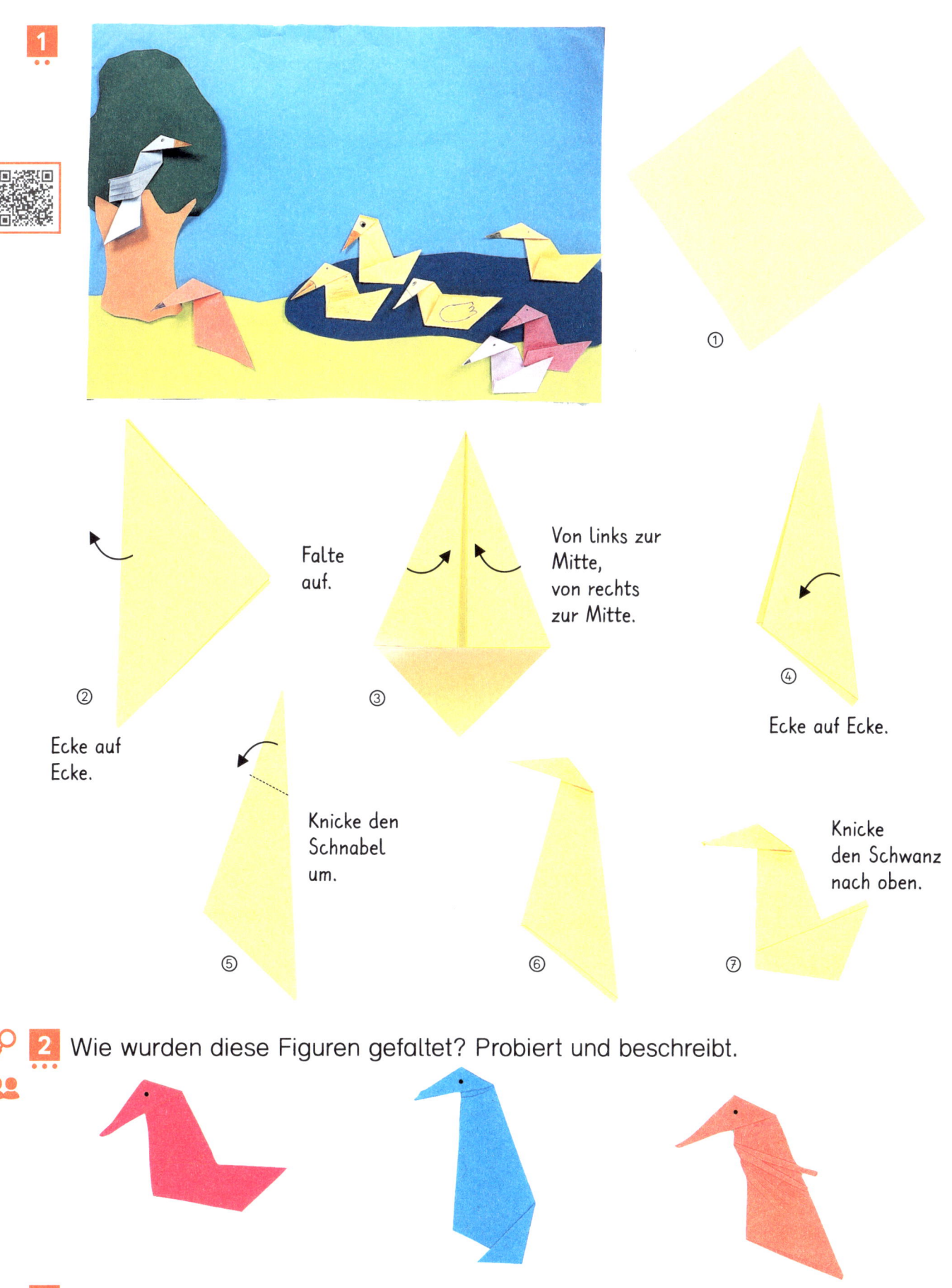

2 Wie wurden diese Figuren gefaltet? Probiert und beschreibt.

3 Faltet eigene Figuren. Gestaltet ein Bild.

Erklärvideo nutzen.
Quadratisches Faltpapier nutzen.

Achsensymmetrie – Faltschnitte

1 Erzählt.

Jede **achsensymmetrische** Figur hat mindestens eine **Symmetrieachse**.

2 Stelle selbst Faltschnitte her. Falte ein Papier und zeichne die Hälfte deines Bildes auf. Schneide dann aus. Zeichne die Symmetrieachse ein.

3 Welcher Ausschnitt passt? Prüft mit dem Spiegel.

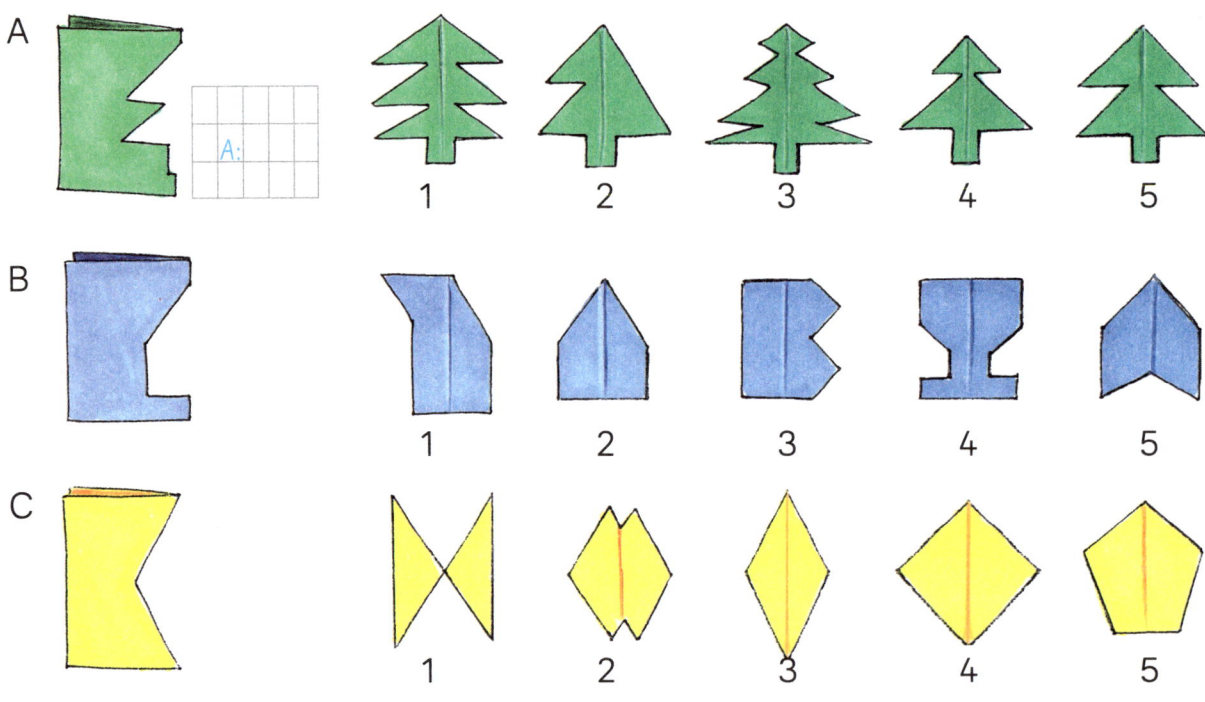

Achsensymmetrie – Spiegelbilder

1 Welche Tiere und Blumen sind achsensymmetrisch? Erklärt.

Prüft mit dem Spiegel.

2 Forscht in eurer Umwelt nach achsensymmetrischen Bildern und Gegenständen.

3 Stelle den Spiegel auf das erste Bild. Lass die anderen Bilder entstehen.

4 Legt wie Mara und Pit achsensymmetrische Muster mit Steckwürfeln.

Benutzt euer Hunderterfeld!

2 Symmetrische Bilder, Tiere, Pflanzen und Gegenstände in der Umwelt suchen.
Ergebnisse fotografieren.

Multiplizieren

1

Lia geht **3 mal**.
Sie bringt **immer** 5 Becher mit.

Erzählt und rechnet.

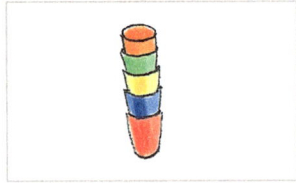   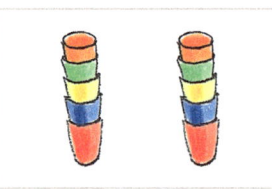   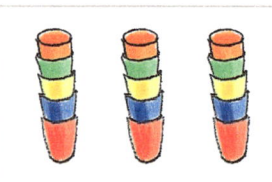

5	5 + 5 =	5 + 5 + 5 =
1 mal 5	2 mal 5	3 mal 5
1 · 5 =	2 · 5 =	3 · 5 =

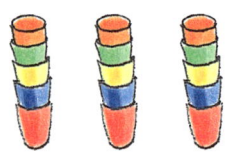   Additionsaufgabe: 5 + 5 + 5 = 15

　　　　　　　　　　　　　　　　3 **mal** 5 ist gleich 15

Multiplikationsaufgabe: 3 · 5 = 15

---

2 Der Hausmeister geht **4 mal**. Er bringt **immer** 3 Stühle mit.
Erzählt und rechnet.

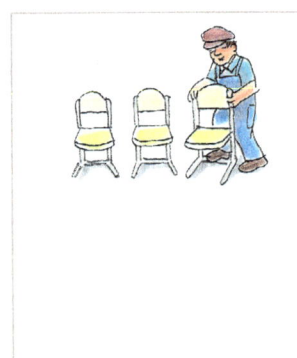         

3	3 + =	+ + =	+ + + =
1 mal	2 mal	mal	mal
1 · 3 =	2 · =	· =	· =

3 Erzählt und rechnet. Schreibt in euer Heft.

a)

2
1 mal
1 · =

b)

2 + =
   mal
   · =

c)

+ + =
   mal
   · =

4 Erzählt und rechnet. Schreibt in euer Heft.

a)

4 + 4 =
2 · 4 =

b)

5 + + =
    · 5 =

c)

3 + + =
    · 3 =

d)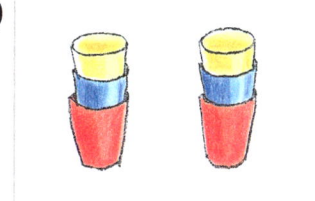

3 + =
  · =

e)

+ + =
  · =

f)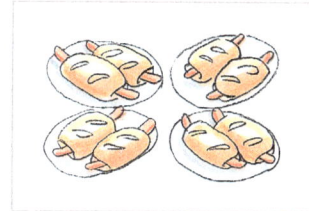

+ + + =
   · =

5 Finde selbst Multiplikationsaufgaben.

Multiplikation – multiplizieren

Faktor   Faktor

3 · 5 = 15

Produkt   Produkt

Wortspeicher nutzen.
3 Bereits bekannte Multiplikationsaufgaben und ihr Ergebnis notieren.

Multiplizieren

1 Erzählt. Findet zu jedem Bild eine passende Additionsaufgabe und eine Multiplikationsaufgabe. Rechnet.

a) Ich sehe 6 + 6. Das ist 2 · 6.
Ich sehe 2 + 2 + 2 + 2 + 2 + 2. Das ist 6 · 2.

b) c) d)

e) f) g)

2 Schreibe zu jeder Multiplikationsaufgabe die Additionsaufgabe und rechne.

a) 4 · 3   a) 3 + 3 + 3 + 3 =
b) 6 · 2
c) 2 · 4
d) 5 · 2
e) 3 · 5
f) 2 · 3
g) 4 · 4
h) 2 · 2
i) 3 · 1

3 Schreibe zu jeder Additionsaufgabe die Multiplikationsaufgabe und rechne.

a) 10 + 10 + 10 + 10   a) 4 · 10 =
b) 2 + 2 + 2 + 2 + 2 + 2
c) 6 + 6 + 6
d) 4 + 4 + 4
e) 5 + 5 + 5 + 5
f) 3 + 3 + 3 + 3 + 3
g) 7 + 7

4 Findet Rechengeschichten zu diesen Aufgaben.

a) 3 · 6 =
b) 4 · 3 =
c) ___ · ___ =

Erklärvideo nutzen. **1** Tauschaufgaben anbahnen: Besprechen, dass je nach Blickrichtung zwei verschiedene Additions- und Multiplikationsaufgaben passen. **4** Eine Rechengeschichte zu den Aufgaben nachspielen, legen, malen, filmen oder fotografieren. Weitere Multiplikationsaufgaben im Heft notieren. **4** c) Offene Aufgabe.

Multiplizieren – Das Punktefeld

1 Wie viele Punkte sind es?

Ich sehe 3 Zeilen mit immer 7 Punkten.

Dazu passen die Additionsaufgabe 7 + 7 + 7 und die Multiplikationsaufgabe 3 · 7.

2 Beschreibt. Rechnet jeweils die Additionsaufgabe und die Multiplikationsaufgabe.

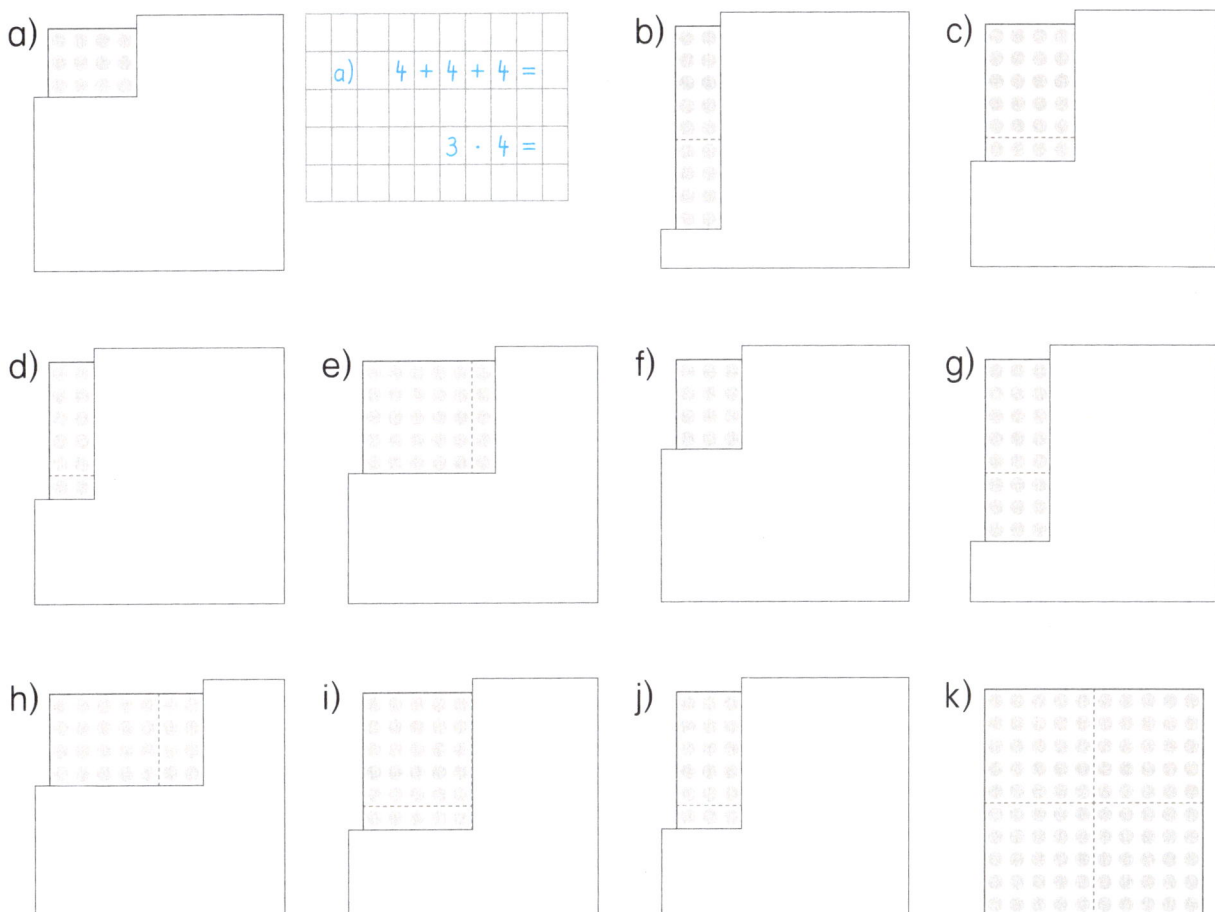

a) 4 + 4 + 4 =
   3 · 4 =

3 Stellt euch gegenseitig Multiplikationsaufgaben und zeigt sie am Punktefeld.

3 · 5

Multiplizieren – Nachbaraufgaben

1 Rechnet und erklärt.

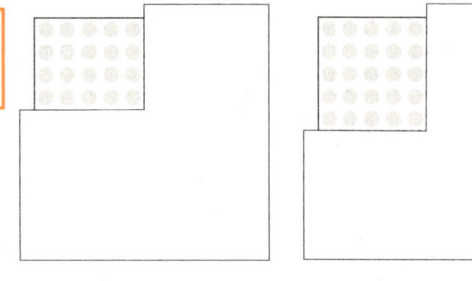

5 + 5 + 5 + 5 = ☐   5 + 5 + 5 + 5 + 5 = ☐
4 · 5 = ☐   5 · 5 = ☐

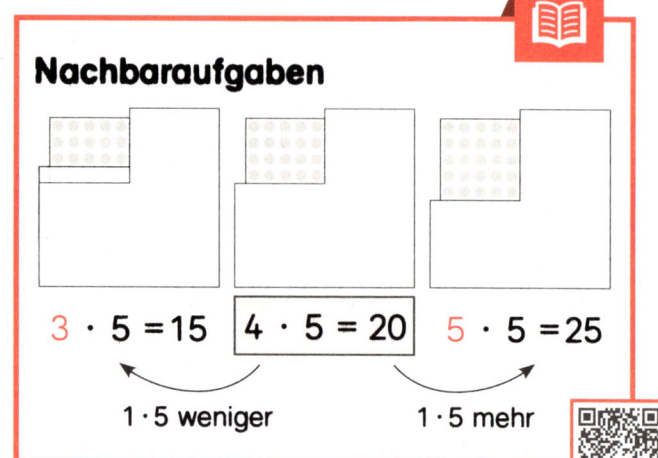

Nachbaraufgaben

3 · 5 = 15   4 · 5 = 20   5 · 5 = 25
1 · 5 weniger   1 · 5 mehr

2 Rechnet. Wie heißt die Aufgabe, wenn eine Zeile dazukommt?

a)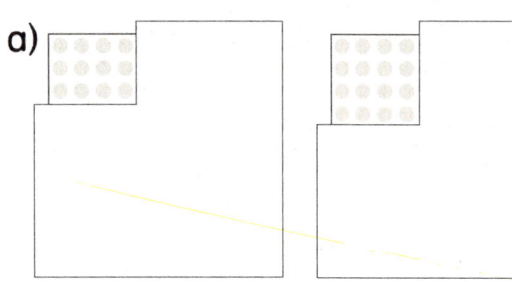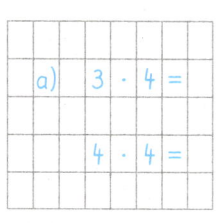

a) 3 · 4 =
4 · 4 =

b) 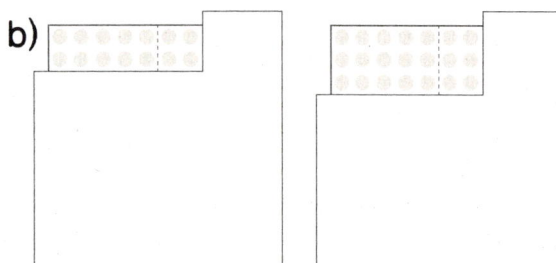   c)

3 Rechnet. Wie heißt die Aufgabe, wenn eine Zeile weggenommen wird?

a) 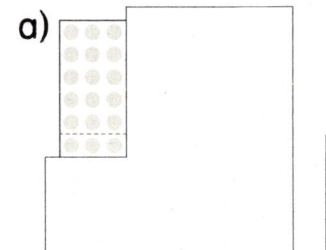   b)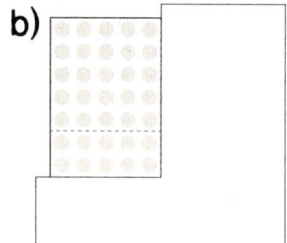

   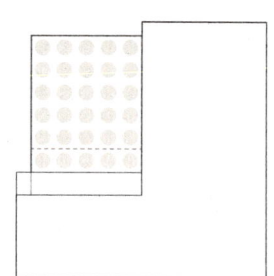

c) 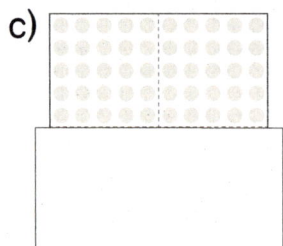   d)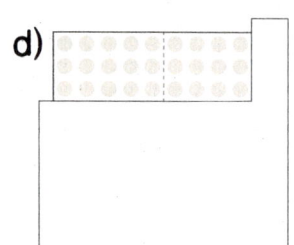

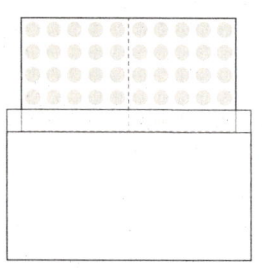

Multiplizieren – Tauschaufgaben

1

Ich sehe 5 · 3 = 15.

Ich sehe 3 · 5 = 15.

Warum sind die Ergebnisse gleich?

Tauschaufgaben

5 · 3 = 15

3 · 5 = 15

Ich tausche den 1. und den 2. Faktor. Das Produkt bleibt gleich.

2 Rechne die Aufgabe und die Tauschaufgabe.

a)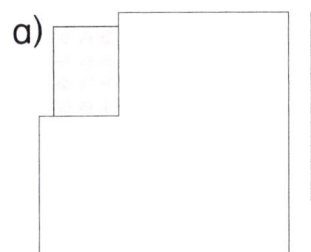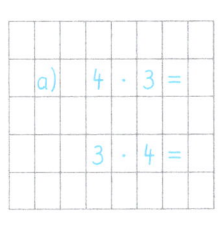
a) 4 · 3 =
3 · 4 =

b)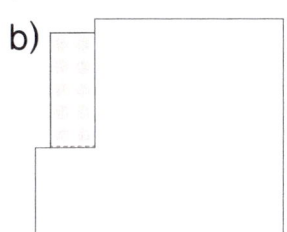

c)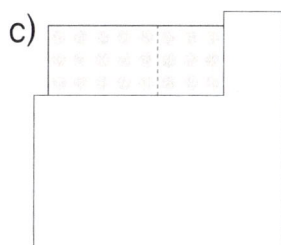

d)

e)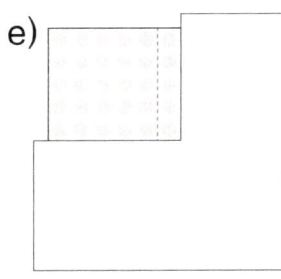

f)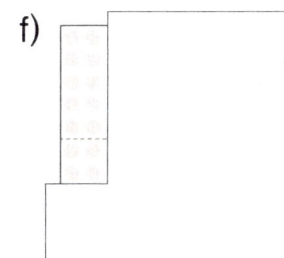

g)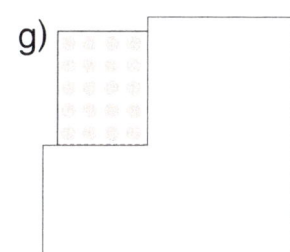

3 Zeige am Punktefeld. Rechne die Aufgabe und die Tauschaufgabe. Welche Aufgabe ist für dich leichter? Kreise ein.

a) 2 · 7
   7 · 2
   a) (2 · 7 =)
   7 · 2 =

b) 5 · 3
   3 · 5

c) 4 · 10
   10 · 4

d) 4 · 2
   2 · 4

e) 6 · 2
   2 · 6

f) 10 · 3
   3 · 10

g) 4 · 5
   5 · 4

🐝h) 2 · 8
   8 · 2

🐝i) 5 · 10
   10 · 5

🐝j) 2 · 3
   3 · 2

🐝k) 1 · 9
   9 · 1

Multiplizieren – Kernaufgaben

1 Kernaufgaben mit 1 und 2. Rechnet und erklärt.

das **Doppelte** →

Das Doppelte von 6 ist 12.

1 · 6 =   2 · 6 =

> Multiplikationsaufgaben mit **1**, mit **2**, mit **5** und mit **10** sind **Kernaufgaben**.
>
> Die Kernaufgaben helfen beim Lösen der anderen Multiplikationsaufgaben.

2 Immer das **Doppelte**. Zeige am Punktefeld und rechne.

a) **1** · 1   b) **1** · 2   c) **1** · 3   d) **1** · 4   e) **1** · 5
   2 · 1   **2** · 2   **2** · 3   **2** · 4   **2** · 5

 a) 1 · 1 =
                         2 · 1 =

f) **1** · 8   g) **1** · 7   h) **1** · 9   i) **1** · 10   🐬j) **1** · 12   🐬k) **1** · 15
   2 · 8   **2** · 7   **2** · 9   **2** · 10   **2** · 12   **2** · 15

3 Kernaufgaben mit 10. Rechnet und erklärt.

das **Zehnfache** →

Aus 6 Einern werden 6 Zehner.

1 · 6 =   10 · 6 =

4 Immer das **Zehnfache**. Zeige am Punktefeld und rechne.

a) **1** · 1   b) **1** · 10   c) **1** · 5   d) **1** · 8   e) **1** · 3   f) **1** · 4
   10 · 1   **10** · 10   **10** · 5   **10** · 8   **10** · 3   **10** · 4

g) **1** · 6   h) **1** · 7   i) **1** · 9   j) **1** · 2   🐬k) **1** · 11   🐬l) **1** · 12
   10 · 6   **10** · 7   **10** · 9   **10** · 2   **10** · 11   **10** · 12

5 Kernaufgaben mit 5. Rechnet und erklärt.

5 mal 6 ist die Hälfte von 10 mal 6.

10 · 6 =   5 · 6 =

6 Immer die **Hälfte**. Zeige am Punktefeld und rechne.

a) 10 · 1   b) 10 · 4   c) 10 · 10   d) 10 · 8   e) 10 · 2   f) 10 · 6
   5 · 1   5 · 4   5 · 10   5 · 8   5 · 2   5 · 6

g) 10 · 3   h) 10 · 5   i) 10 · 7   j) 10 · 9   🐬k) 10 · 12   🐬l) 10 · 14
   5 · 3   5 · 5   5 · 7   5 · 9   5 · 12   5 · 14

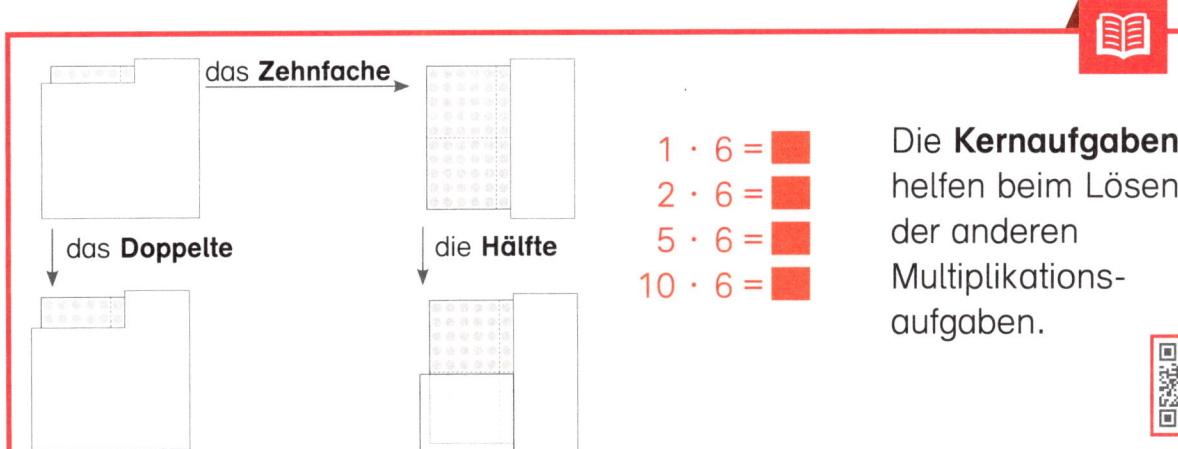

1 · 6 =
2 · 6 =
5 · 6 =
10 · 6 =

Die **Kernaufgaben** helfen beim Lösen der anderen Multiplikationsaufgaben.

7 Rechne die Kernaufgaben.

a) 1 · 2 =
   2 · 2 =
   5 · 2 =
   10 · 2 =

b) 1 · 3 =
   2 · 3 =
   5 · 3 =
   10 · 3 =

c) 1 · 4 =
   2 · 4 =
   5 · 4 =
   10 · 4 =

d) 1 · 5 =
   2 · 5 =
   5 · 5 =
   10 · 5 =

e) 1 · 10 =
   2 · 10 =
   5 · 10 =
   10 · 10 =

f) 1 ·   =
   2 ·   =
   5 ·   =
   10 ·   =

Wortspeicher nutzen. Beilage Punktefeld und Abdeckwinkel nutzen.
6 Delfinaufgaben ohne Punktefeld lösen.
7 f) Offene Aufgabe.

Einmaleins mit 2

1 Erzählt und rechnet. Wie viele Paare und einzelne Schuhe sind es?

2 Zeige die Aufgaben am Punktefeld. Rechne.

a) 2 · 2　　　b) 5 · 2　　　c) 1 · 2　　　d) 10 · 2
　 3 · 2　　　　 6 · 2　　　　 2 · 2　　　　 9 · 2
　 4 · 2　　　　 7 · 2　　　　 0 · 2　　　　 8 · 2

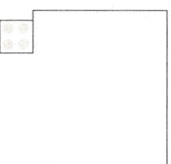

Kernaufgaben

1 · 2 = ■
2 · 2 = ■
5 · 2 = ■
10 · 2 = ■

Lerne auswendig.

3 die Rechenkonferenz

7 · 2 =

Ich rechne die Tauschaufgabe 2 · 7 = . Das ist für mich leichter.

Das ist das Doppelte von 7. 7 + 7 = .

4 Rechne die Aufgaben und Tauschaufgaben.

a) 6 · 2　　b) 3 · 2　　c) 9 · 2　　d) 5 · 2
　 2 · 6　　　 2 · 3　　　 2 · 9　　　 2 · 5

e) 10 · 2　f) 4 · 2　　g) 0 · 2　　h) 8 · 2
　 2 · 10　　 2 · 4　　　 2 · 0　　　 2 · 8

Einmaleins mit 2

0 · 2 =
1 · 2 = ■
2 · 2 = ■
3 · 2 =
4 · 2 =
5 · 2 = ■
6 · 2 =
7 · 2 =
8 · 2 =
9 · 2 =
10 · 2 = ■

Übe immer wieder.

5 Wie oft? Schreibe in dein Heft.

a) ▢ · 2 = 4　　b) ▢ · 2 = 8　　c) ▢ · 2 = 20
　 ▢ · 2 = 8　　　 ▢ · 2 = 10　　　 ▢ · 2 = 18
　 ▢ · 2 = 16　　 ▢ · 2 = 12　　　 ▢ · 2 = 16

6 a) 10 = ▢ · 2　b) 16 = ▢ · 2　c) 20 = ▢ · 2
　　 12 = ▢ · 2　　　 8 = ▢ · 2　　 22 = ▢ · 2
　　 14 = ▢ · 2　　　 4 = ▢ · 2　　 24 = ▢ · 2

Einmaleins mit 10

1 Wie viele Eier sind es?

2 Zeige die Aufgaben am Punktefeld. Rechne.

a) 3 · 10
4 · 10
5 · 10

b) 2 · 10
1 · 10
0 · 10

c) 5 · 10
6 · 10
7 · 10

d) 10 · 10
9 · 10
8 · 10

3 Rechne die Aufgaben und Tauschaufgaben.

a) 6 · 10
10 · 6

b) 3 · 10
10 · 3

c) 9 · 10
10 · 9

d) 5 · 10
10 · 5

e) 1 · 10
10 · 1

f) 8 · 10
10 · 8

g) 0 · 10
10 · 0

h) 7 · 10
10 · 7

Kernaufgaben
1 · 10 =
2 · 10 =
5 · 10 =
10 · 10 =

Einmaleins mit 10
0 · 10 =
1 · 10 =
2 · 10 =
3 · 10 =
4 · 10 =
5 · 10 =
6 · 10 =
7 · 10 =
8 · 10 =
9 · 10 =
10 · 10 =

4 Wie oft? Schreibe in dein Heft.

a) ▨ · 10 = 10
▨ · 10 = 20
▨ · 10 = 40

b) ▨ · 10 = 30
▨ · 10 = 60
▨ · 10 = 90

c) ▨ · 10 = ▨
▨ · 10 = ▨
▨ · 10 = ▨

5
a) 10 = ▨ · 10
20 = ▨ · 10
40 = ▨ · 10

b) 50 = ▨ · 10
70 = ▨ · 10
80 = ▨ · 10

c) 110 = ▨ · 10
120 = ▨ · 10
150 = ▨ · 10

6 Auf dem Schulfest werden Waffeln gebacken. Wie viele Eier werden jeweils verarbeitet? Rechne.

WAFFELN Grundrezept: 500 g Butter, 10 Eier, 400 g Zucker, 1 kg Mehl, 3/4 l Milch

a) Frau Schulz bringt die fünffache Menge Teig mit.
b) Herr Fuchs hat die siebenfache Menge Teig vorbereitet.
c) Monas Familie bereitet die vierfache Menge zu.

Einmaleins mit 5

1 Wie viele Finger sind es jeweils?

2 Rechnet und erklärt.

die **Hälfte**

4 mal 5 ist die Hälfte von 4 mal 10.

4 · 10 =   4 · 5 =

Kernaufgaben

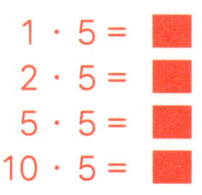

1 · 5 =
2 · 5 =
5 · 5 =
10 · 5 =

3 Immer die Hälfte. Zeige am Punktefeld und rechne.

a) 2 · 10   b) 8 · 10   c) 10 · 10   d) 6 · 10
   2 · 5   8 · 5   10 · 5   6 · 5
   1 · 10   4 · 10   5 · 10   7 · 10
   1 · 5   4 · 5   5 · 5   7 · 5

Einmaleins mit 5

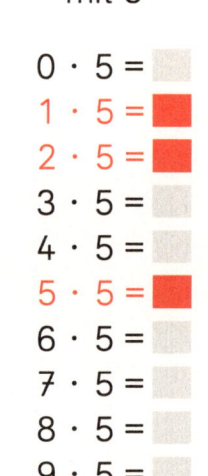

0 · 5 =
1 · 5 =
2 · 5 =
3 · 5 =
4 · 5 =
5 · 5 =
6 · 5 =
7 · 5 =
8 · 5 =
9 · 5 =
10 · 5 =

4 Zeige am Punktefeld. Rechne.

a) 2 · 5   b) 5 · 5   c) 10 · 5   d) 0 · 5
   3 · 5   6 · 5   9 · 5   1 · 5
   4 · 5   7 · 5   8 · 5   2 · 5

5 Wie oft? Schreibe in dein Heft.

a)   · 5 = 40   b)   · 5 = 5   c)   · 5 = 35
    · 5 = 30   · 5 = 15   · 5 = 40
    · 5 = 20   · 5 = 25   · 5 = 45

6 a) 5 =   · 5   b) 0 =   · 5   c) 55 =   · 5
    10 =   · 5   25 =   · 5   60 =   · 5
    15 =   · 5   50 =   · 5   100 =   · 5

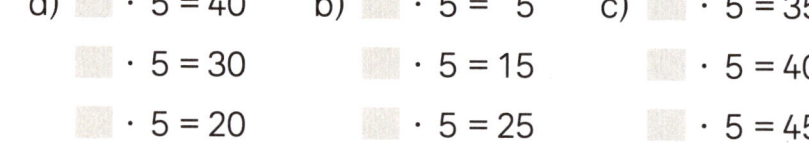

Einmaleins mit 5 und 10

1 Findet gleiche Ergebnisse.

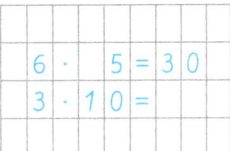

6 · 5	10 · 5	3 · 10	0 · 10
4 · 5	0 · 5	1 · 10	4 · 10
2 · 5	8 · 5	5 · 10	2 · 10

6 · 5 = 30
3 · 10 =

Fällt euch etwas auf?

2 Aufgabenpaare mit gleichen Ergebnissen.

a) 1 · 10   b) 2 · 10   c) 4 · 10   d) 5 · 10
   2 · 5   4 · 5   8 · 5   10 · 5

3 a) 10 = ⬚ · 10   b) 50 = ⬚ · 10   🐬 c) 70 = ⬚ · 10   🐬 d) 110 = ⬚ · 10
      10 = ⬚ · 5   50 = ⬚ · 5   70 = ⬚ · 5   110 = ⬚ · 5

      40 = ⬚ · 10   20 = ⬚ · 10   100 = ⬚ · 10   80 = ⬚ · 10
      40 = ⬚ · 5   20 = ⬚ · 5   100 = ⬚ · 5   80 = ⬚ · 5

4

a) 3 · 5 ct = ⬚ ct 🐝 b) 5 · 5 ct = ⬚ ct 🐝 c) 10 · 5 ct = ⬚ ct
   2 · 10 ct = ⬚ ct   5 · 10 ct = ⬚ ct   10 · 10 ct = ⬚ ct

   6 · 5 ct = ⬚ ct   8 · 5 ct = ⬚ ct   9 · 5 ct = ⬚ ct
   6 · 10 ct = ⬚ ct   8 · 10 ct = ⬚ ct   9 · 10 ct = ⬚ ct

a) 1 · 10 ct =
   1 · 10 ct =

5 Findet möglichst viele Multiplikationsaufgaben zu diesen Ergebnissen.

a) Ergebnis 20

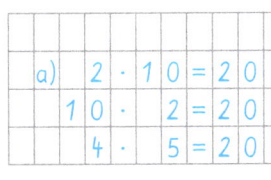

b) Ergebnis 30   c) Ergebnis 45   d) Ergebnis 50

e) Ergebnis ⬚   f) 🐝 Ergebnis 40   g) Ergebnis 100

5 e) Offene Aufgabe.

Einmaleins mit 1 und 0

1 Beschreibt. Rechnet und schreibt in euer Heft.

Die Teller sind leer!

2 + 2 + 2 = ▢   1 + ▢ + ▢ = ▢   0 + ▢ + ▢ = ▢
3 · ▢ = ▢   3 · ▢ = ▢   3 · ▢ = ▢

2 Rechne zu jedem Bild die Additionsaufgabe und die Multiplikationsaufgabe.

a)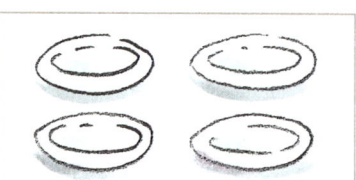

a)	2 + 2 + 2 + 2 =	1 + 1 + 1 + 1 =	0 + 0 + 0 + 0 =
	4 · 2 =	4 · 1 =	4 · 0 =

b)

c)

3 Schreibe jeweils zur Multiplikationsaufgabe die Additionsaufgabe. Rechne.

a) 2 · 2   b) 3 · 2   c) 5 · 2
   2 · 1   3 · 1   5 · 1
   2 · 0   3 · 0   5 · 0

a) 2 · 2 =   2 + 2 =
   2 · 1 =   1 + 1 =
   2 · 0 =   0 + 0 =

4 Kann das stimmen? Begründet.

a) Jede Zahl mal 0 ist 0.   b) Jede Zahl mal 1 ist 1.

Dividieren – Aufteilen

1 Wir bilden gleich große Gruppen. Wir sind 16 Kinder.

Spielt nach.
Findet verschiedene Möglichkeiten.

Teilen

16 : **2 = 8**

16 geteilt durch 2 ist gleich 8.
Es sind 16 Kinder.
Immer 2 Kinder sind in einer Gruppe. Es sind 8 Gruppen.

2 Immer 12 Kinder. Wie viele Gruppen sind es?

a)

12 : 6 =

Es sind ☐ Gruppen.

b)

12 : 4 =

Es sind ☐ Gruppen.

c)

12 : 3 =

Es sind ☐ Gruppen.

d)

12 : 2 =

Es sind ☐ Gruppen.

3 Wie viele Gruppen sind es?

a)

8 : ☐ = ☐

Es sind ☐ Gruppen.

b)

6 : ☐ = ☐

Es sind ☐ Gruppen.

Erklärvideo und Wortspeicher nutzen. Einführung des Dividierens in Aufteilsituationen.
Handelnd und zeichnerisch lösen.
1 Verschiedene Gruppenbildungen besprechen.

Dividieren – Aufteilen

1 Wie viele Netze sind es?

Ich sammle 15 Bälle ein. Es sollen immer 5 Bälle in ein Netz.

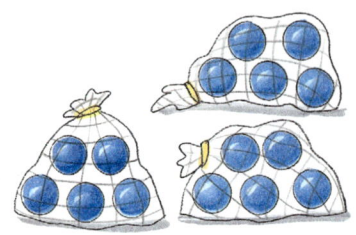

15 : 5 = ▢

Es sind ▢ Netze.

2 Wie viele Netze sind es jeweils?

a) Immer 3 Bälle in ein Netz.

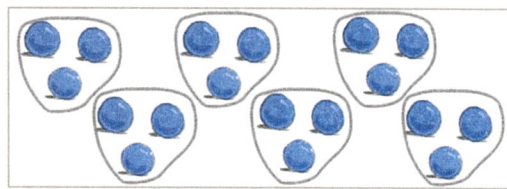

18 : 3 = ▢

Es sind ▢ Netze.

b) Immer 4 Bälle in ein Netz.

16 : 4 = ▢

Es sind ▢ Netze.

3 Wie viele Netze sind es jeweils? Rechne und antworte.

a)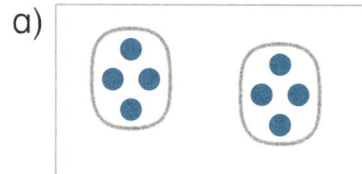

8 : 4 = ▢

b)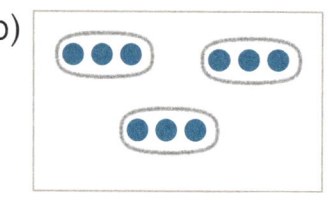

9 : 3 = ▢

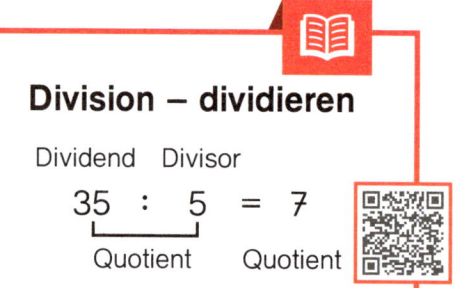

Division – dividieren

Dividend   Divisor

35 : 5 = 7

Quotient   Quotient

c)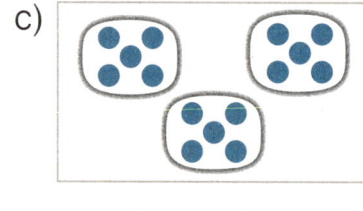

15 : ▢ = ▢

d)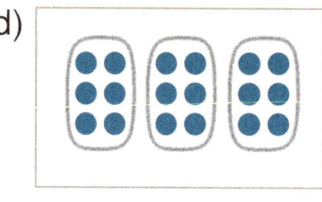

18 : ▢ = ▢

4 Teile auf. Zeichne.

a) 12 Bälle. Immer 6 Bälle in ein Netz.
b) 15 Bälle. Immer 3 Bälle in ein Netz.
c) 14 Bälle. Immer 7 Bälle in ein Netz.
🐬 d) 24 Bälle. Immer 6 Bälle in ein Netz.

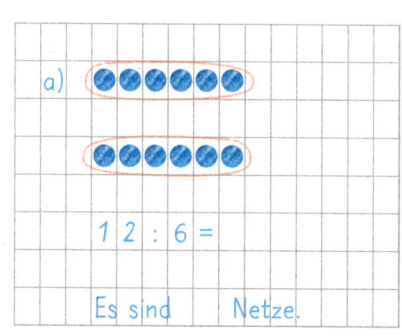

Wortspeicher nutzen.

Dividieren und multiplizieren – Umkehraufgaben

1

Umkehraufgaben

12 : 3 = 4
4 · 3 = 12

12 : 3 = 4 denn
4 · 3 = 12

12 : 3 = ▩ denn ▩ · 3 = 12

2 a)

6 : ▩ = ▩ denn ▩ · ▩ = 6

b)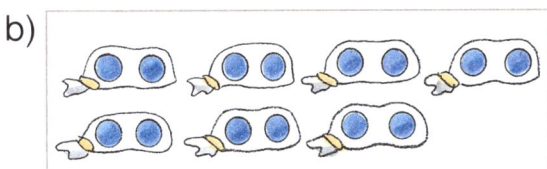

14 : ▩ = ▩ denn ▩ · ▩ = 14

3 Rechne Aufgabe und Umkehraufgabe.

a) 8 : 2 = ▩ denn ▩ · 2 = ▩
10 : 2 = ▩ denn ▩ · 2 = ▩
6 : 2 = ▩ denn ▩ · 2 = ▩

b) 15 : 5 = ▩ denn ▩ · ▩ = 15
20 : 5 = ▩ denn ▩ · ▩ = 20
10 : 5 = ▩ denn ▩ · ▩ = 10

Mit der Umkehraufgabe kann ich prüfen, ob ich richtig gerechnet habe.

c) 55 : 5 = ▩ denn ▩ · ▩ = ▩
60 : 5 = ▩ denn ▩ · ▩ = ▩
100 : 5 = ▩ denn ▩ · ▩ = ▩

4 Richtig oder falsch? Prüfe mit der Umkehraufgabe.

a) 14 : 2 = 6   Ina
   a) 6 · 2 = 12   Ina: falsch

b) 20 : 5 = 4   Paul

c) 18 : 2 = 8   Alef

5 In der Sport-AG werden Dreiergruppen gebildet. Kein Kind bleibt übrig.
Danach werden Vierergruppen gebildet. Kein Kind bleibt übrig.
Bei den Fünfergruppen bleiben zwei Kinder übrig.
Wie viele Kinder sind es?

Erklärvideo und Wortspeicher nutzen.
1 Division und Multiplikation als Umkehroperation thematisieren.

Wiederholung

1 Schreibe zu allen Punktefeldern die Multiplikationsaufgabe und ihre Tauschaufgabe.

a) •••••••
•••••••
•••••••
•••••••
•••••••

b) •••••••••
•••••••••
•••••••••

c) ••••
••••
••••
••••
••••
••••
••••

d) ••••••••

e) •••• •••• ••••
•••• •••• ••••
•••• •••• ••••
•••• •••• ••••

f) •••••
•••••
•••••
•••••

2 a) 3 6 7 | 2 5 1   b) 5 10 2 | 4 8 0

3
a) 20 = ☐ · 5
20 = ☐ · 10
20 = ☐ · 4
20 = ☐ · 2

b) 24 = ☐ · 8
24 = ☐ · 4
24 = ☐ · 2
24 = ☐ · 1

c) 8 = ☐ · 2
8 = ☐ · 4
8 = ☐ · 8
8 = ☐ · 1

d) 40 = ☐ · 8
40 = ☐ · 10
40 = ☐ · 4
40 = ☐ · 5

4
a) 16 : 8
16 : 4
16 : 2

b) 8 : 2
8 : 4
8 : 8

c) 24 : 8
24 : 4
24 : 2

d) 20 : 5
20 : 10
20 : 4

e) 30 : 5
30 : 10
30 : 30

5
a) 15 + 12
15 + 42
15 + 13
15 + 63

b) 64 + 13
64 + 33
62 + 12
62 + 32

c) 52 + 17
52 + 17
54 + 13
54 + 33

d) 46 + 12
46 + 32
42 + 14
42 + 44

e) 35 + 11
35 + 41
36 + 12
36 + 62

🔦 27 28 46 48 56 57 58 67 69 74 76 77 78 78 86 87 94 97 98 99

6
a) 34 − 12
34 − 22
37 − 13
37 − 23

b) 47 − 12
47 − 32
48 − 12
48 − 22

c) 67 − 15
67 − 35
68 − 12
68 − 52

d) 59 − 16
59 − 46
57 − 15
57 − 35

e) 78 − 11
78 − 21
79 − 18
79 − 68

🔦 11 12 13 14 15 16 22 22 24 26 32 35 36 42 43 52 56 57 61 67

Rechenstrategie Kernaufgaben nutzen – Einmaleins mit 4

1 Rechne die Kernaufgaben.

1 · 4 =   2 · 4 =   5 · 4 =   10 · 4 =

2 Rechnet mithilfe der Kernaufgaben und erklärt.

die Rechenkonferenz

„4·4 ist 2·4 plus 2·4, deshalb ..."

„4·4 ist 5·4 minus 1·4, deshalb ..."

4 · 4
2 · 4 =
2 · 4 =
―――――
4 · 4 =

4 · 4
5 · 4 =
1 · 4 =
―――――
4 · 4 =

3 Rechne mithilfe der Kernaufgaben.

a) 3 · 4
2 · 4 =
1 · 4 =
―――――
3 · 4 =

b) 6 · 4
5 · 4 =
1 · 4 =
―――――
6 · 4 =

c) 8 · 4
10 · 4 =
2 · 4 =
―――――
8 · 4 =

d) 7 · 4
5 · 4 =
2 · 4 =
―――――
7 · 4 =

e) 9 · 4
10 · 4 =
1 · 4 =
―――――
9 · 4 =

4 a) 11 · 4
10 · 4 =
1 · 4 =
―――――
11 · 4 =

b) 12 · 4
10 · 4 =
2 · 4 =
―――――
12 · 4 =

Erklärvideo nutzen. Beilage Punktefeld und Abdeckwinkel nutzen.
3 Zerlegungen mit den Kernaufgaben notieren.
Kopiervorlagen 249 bis 252 „Kernaufgabenheft" weiterführen.

Einmaleins mit 4

1  In der Klasse stehen sechs Vierertische.
Wie viele Kinder können sitzen?
Zeichnet, rechnet und antwortet.

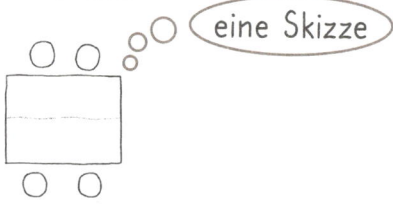 eine Skizze

2 Wie viele Kinder können sitzen? Zeichne eine Skizze und rechne.

a) 2 Vierertische   b) 3 Vierertische   c) 7 Vierertische
d) 5 Vierertische   e) 4 Vierertische   f) 8 Vierertische

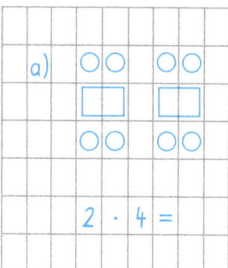

Kernaufgaben
1 · 4 = ▮
2 · 4 = ▮
5 · 4 = ▮
10 · 4 = ▮

3 Rechne mithilfe der Kernaufgaben.

a) 4 · 4
☐ · 4 = ☐
☐ · 4 = ☐
───────
4 · 4 = ☐

b) 6 · 4
☐ · 4 = ☐
☐ · 4 = ☐
───────
6 · 4 = ☐

c) 7 · 4
☐ · 4 = ☐
☐ · 4 = ☐
───────
7 · 4 = ☐

Einmaleins mit 4

0 · 4 = ☐
1 · 4 = ▮
2 · 4 = ▮
3 · 4 = ☐
4 · 4 = ☐
5 · 4 = ▮
6 · 4 = ☐
7 · 4 = ☐
8 · 4 = ☐
9 · 4 = ☐
10 · 4 = ▮

4 Zeige am Punktefeld. Rechne.

a) 2 · 4   b) 5 · 4   c) 0 · 4   d) 10 · 4
3 · 4   6 · 4   1 · 4   9 · 4
4 · 4   7 · 4   2 · 4   8 · 4

5 Wie oft?

a) ☐ · 4 = 4   b) ☐ · 4 = 0   c) ☐ · 4 = 12
   ☐ · 4 = 8   ☐ · 4 = 20   ☐ · 4 = 24
   ☐ · 4 = 12   ☐ · 4 = 40   ☐ · 4 = 48

Einmaleins mit 2 und 4

1 16 Kinder bilden Gruppen. Erzählt und rechnet.

2 Die Kinder teilen sich jeweils in Zweiergruppen oder Viererguppen auf.
a) 12 Kinder
b) 20 Kinder
c) 4 Kinder
d) 8 Kinder
e) 16 Kinder
f) 24 Kinder

a) 12 : 2 =
12 : 4 =

3

4 : 2

Kinder	4	8	16	12	20		24	36	32	28	40
Zweiergruppen											
Vierergruppen											

4 : 4

4
a) 8 = ⬚ · 2 b) 12 = ⬚ · 2 c) 4 = ⬚ · 2 d) 20 = ⬚ · 4 e) 16 = ⬚ · 4
8 = ⬚ · 4   12 = ⬚ · 4   4 = ⬚ · 4   20 = ⬚ · 2   16 = ⬚ · 2

5
a) 8 : 4   b) 20 : 4   c) 16 : 4   d) 12 : 4   e) 40 : 4   f) 24 : 4
8 : 2   20 : 2   16 : 2   12 : 2   40 : 2   24 : 2

6 Setze ein. < = >
a) 3 · 4 ◯ 20   b) 4 · 2 ◯ 10   c) 6 · 4 ◯ 40   d) 11 · 2 ◯ 20
4 · 4 ◯ 20   5 · 2 ◯ 10   7 · 4 ◯ 40   11 · 4 ◯ 40

7 a) Meine Zahl ist viermal so groß wie 5.

b) Meine Zahl ist eine Zweierzahl und eine Viererzahl. Sie ist kleiner als 20.

Rechenstrategie Kernaufgaben nutzen – Einmaleins mit 8

1 Rechne die Kernaufgaben.

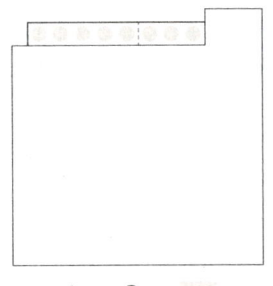 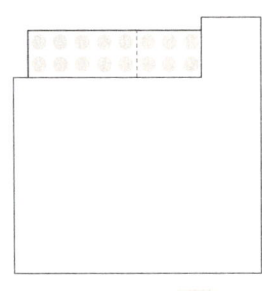  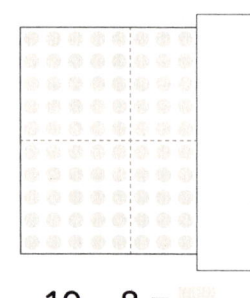

1 · 8 =   2 · 8 =   5 · 8 =   10 · 8 =

2 Rechnet mithilfe der Kernaufgaben und erklärt.

„4·8 ist 2·8 plus 2·8, deshalb ..."

4 · 8
2 · 8 =
2 · 8 =
─────
4 · 8 =

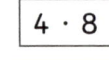

4 · 8
5 · 8 =
1 · 8 =
─────
4 · 8 =

„4·8 ist 5·8 minus 1·8, deshalb ..."

3 Rechne mithilfe der Kernaufgaben.

a)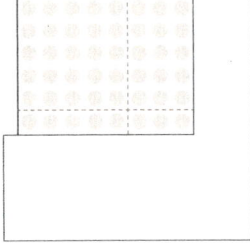

6 · 8
5 · 8 =
1 · 8 =
─────
6 · 8 =

b)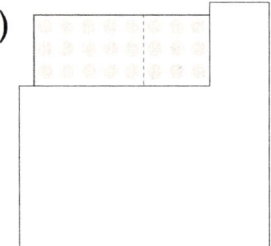

3 · 8
2 · 8 =
1 · 8 =
─────
3 · 8 =

c)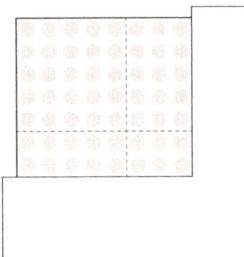

7 · 8
· =
· =
─────
7 · 8 =

d)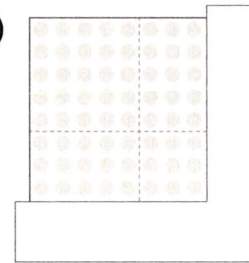

8 · 8
· =
· =
─────
8 · 8 =

e)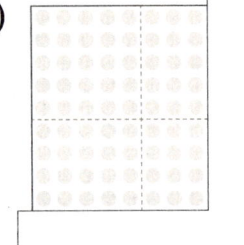

9 · 8
· =
· =
─────
9 · 8 =

4 a) 11 · 8
· =
· =
─────
11 · 8 =

b) 12 · 8
· =
· =
─────
12 · 8 =

Beilage Punktefeld und Abdeckwinkel nutzen.
3 Verschiedene Lösungen möglich.
Kopiervorlagen 249 bis 252 „Kernaufgabenheft" weiterführen.

Einmaleins mit 8

1 Wie viele Ecken haben fünf Würfel? Legt eine Tabelle an.

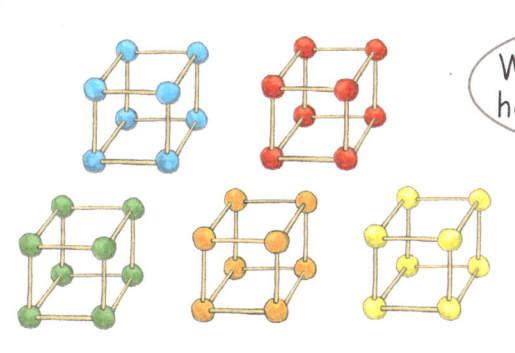
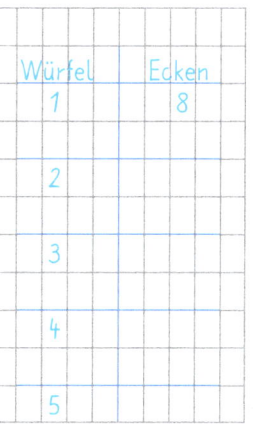

Wie viele Ecken hat ein Würfel?

Würfel	Ecken
1	8
2	
3	
4	
5	

Kernaufgaben

1 · 8 = ■
2 · 8 = ■
5 · 8 = ■
10 · 8 = ■

2 Rechne mithilfe der Kernaufgaben.

a) 4 · 8
   · 8 =
   · 8 =
   ―――――
   4 · 8 =

b) 6 · 8
   · 8 =
   · 8 =
   ―――――
   6 · 8 =

c) 9 · 8
   · 8 =
   · 8 =
   ―――――
   9 · 8 =

Einmaleins mit 8

0 · 8 =
1 · 8 =
2 · 8 =
3 · 8 =
4 · 8 =
5 · 8 =
6 · 8 =
7 · 8 =
8 · 8 =
9 · 8 =
10 · 8 =

3
a) 2 · 8
   4 · 8
   8 · 8

b) 5 · 8
   6 · 8
   7 · 8

c) 3 · 8
   6 · 8
   9 · 8

d) 0 · 8
   1 · 8
   10 · 8

4 Wie oft?

a) ⬚ · 8 = 24
   ⬚ · 8 = 48
   ⬚ · 8 = 16

b) ⬚ · 8 = 80
   ⬚ · 8 = 40
   ⬚ · 8 = 8

c) ⬚ · 8 = 0
   ⬚ · 8 = 56
   ⬚ · 8 = 48

🐬 d) ⬚ · 8 = 88
   ⬚ · 8 = 80
   ⬚ · 8 = 96

5
a) 40 = ⬚ · 8
   48 = ⬚ · 8
   24 = ⬚ · 8

b) 8 = ⬚ · 8
   16 = ⬚ · 8
   32 = ⬚ · 8

c) 56 = ⬚ · 8
   64 = ⬚ · 8
   72 = ⬚ · 8

🐬 d) 88 = ⬚ · 8
   96 = ⬚ · 8
   80 = ⬚ · 8

Einmaleins mit 2, 4 und 8

1 Wie viele Beine sind es insgesamt? Rechnet und vergleicht.

die Rechenkonferenz

die Spatzen

die Meerschweinchen

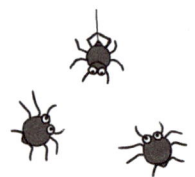
die Spinnen

2 a) 3 · 2   b) 6 · 2   c) 4 · 8   d) 5 · 8   e) 7 · 8   f) 8 · 2
    3 · 4   6 · 4   4 · 4   5 · 4   7 · 4   8 · 4
    3 · 8   6 · 8   4 · 2   5 · 2   7 · 2   8 · 8

Was fällt dir auf?

3 Findet möglichst viele Multiplikationsaufgaben mit diesen Ergebnissen.

a) Ergebnis 24

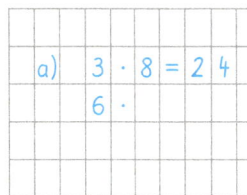
a) 3 · 8 = 24
   6 ·

b) Ergebnis 16

c) Ergebnis 32

d) Ergebnis 96

4 Finde das Muster.

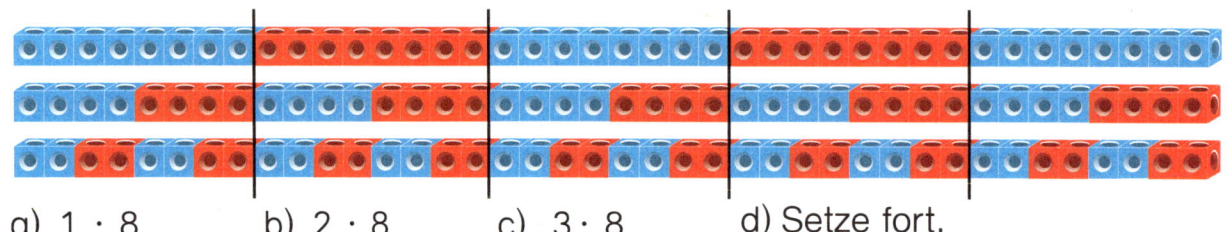

a) 1 · 8   b) 2 · 8   c) 3 · 8   d) Setze fort.
   2 · 4   4 · 4   6 · 4
   4 · 2   8 · 2   12 · 2

5 Setze ein. + − · :

a) 5 ◯ 4 = 9 b) 8 ◯ 8 = 16 c) 10 ◯ 2 = 20 d) 4 ◯ 4 = 0 e) 8 ◯ 2 = 16
   5 ◯ 4 = 20   8 ◯ 8 = 64   10 ◯ 4 = 40   4 ◯ 4 = 1   4 ◯ 4 = 16
   5 ◯ 4 = 1   8 ◯ 8 = 0   10 ◯ 8 = 18   4 ◯ 4 = 8   2 ◯ 8 = 16

Zufall und Wahrscheinlichkeit

1 Was kann wirklich passieren?

A Ayla steht an der Straße. Welche Fahrzeuge könnten vorbei fahren?

B Luis ist im Streichelzoo. Welche Tiere könnte er sehen und streicheln?

C Betty sammelt Früchte im Garten. Welche könnte sie in ihrem Körbchen haben?

2 Pausenerlebnisse. Was kann passieren? Was kann nicht passieren? Begründet.

A Vögel fliegen über den Pausenhof.

B Ein Löwe badet im Schulhofbach.

C In der Pause klettern Lehrer an der Kletterwand.

D Der Hausmeister verkauft Fahrräder.

E Eine Katze läuft über den Schulhof.

F Kinder spielen miteinander.

G Die Pause dauert eine Stunde.

H Ein Goldfisch klettert auf den Baum.

I Eisvögel picken am Boden Brotkrümel auf.

J Ein Erstklässler fällt in den Bach.

1, 2 Verschiedene Formulierungen nutzen z.B. "Es kann sein." "Es kann nicht sein." "Es ist möglich." "Es ist unmöglich."

Zufall und Wahrscheinlichkeit – Fische angeln

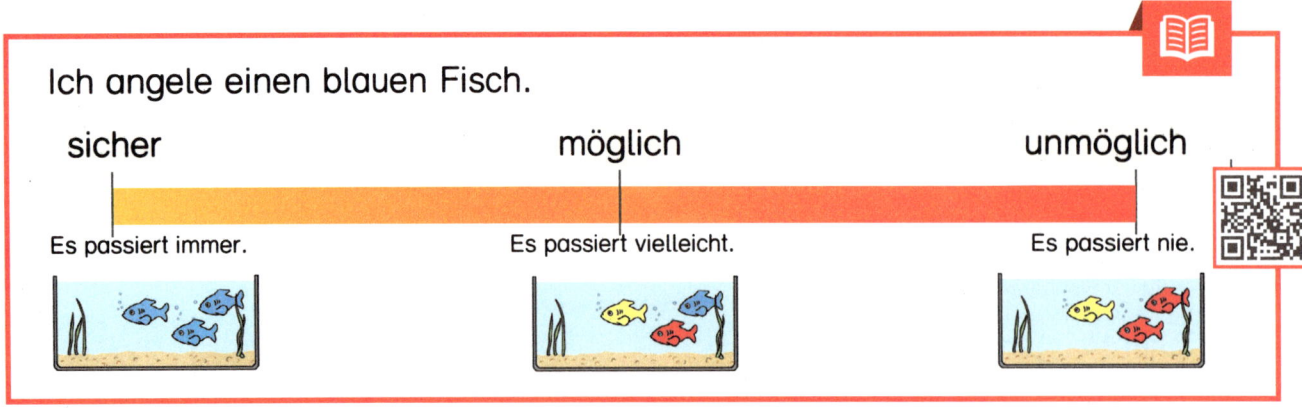

Ich angele einen blauen Fisch.

sicher — möglich — unmöglich

Es passiert immer.   Es passiert vielleicht.   Es passiert nie.

1 Hat Emma Recht?

Ich fange jetzt sicher einen gelben Fisch.

2 Emma angelt einen Fisch.
Sicher, möglich oder unmöglich? Entscheidet und begründet.

a)
- **A** Sie angelt einen roten Fisch.
- **B** Sie angelt einen blauen Fisch.
- **C** Sie angelt einen gelben Fisch.

 a) A möglich

b)
- **A** Sie angelt einen gelben Fisch.
- **B** Sie angelt einen roten Fisch.
- **C** Sie angelt einen grünen Fisch.

3 Findet die passenden Becken. Entscheidet und begründet.

A    B    C    D

a) Ich angele sicher einen blauen Fisch.
b) Es ist möglich, dass ich einen roten Fisch angele.
c) Es ist unmöglich, dass ich einen roten Fisch angele.
d) Ich angele sicher einen roten Fisch.

 a) B

4 Malt passende Fische in ein Becken.
a) Ich angele sicher einen gelben Fisch.
b) Es ist unmöglich, dass ich einen gelben Fisch angele.

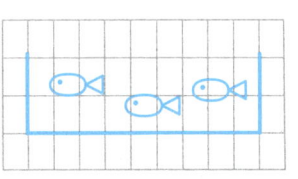

Wortspeicher nutzen.
1 bis 4 Angeln nachspielen. Es gilt immer der erste Versuch.
3 b) Mehrere Lösungen. 4 Evtl. Kopiervorlage 217 nutzen.

Zufall und Wahrscheinlichkeit – Würfeln

1 Wer hat recht?

die Rechen-konferenz

2 a) Welche Zahl würfelt ihr am **häufigsten**? Vermutet vorher. Würfelt ungefähr 50-mal.

b) Stellt eure Ergebnisse vor. Vergleicht.

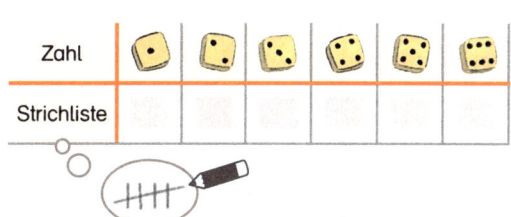

3 Sicher, möglich oder unmöglich? Entscheidet und begründet. Paul würfelt mit einem Würfel.

a) Er würfelt eine 3.
b) Er würfelt oft eine 0.
c) Er würfelt nie eine 0.
d) Er würfelt jetzt eine 2.

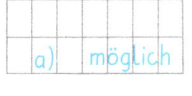

e) Er würfelt nie eine 8.
f) Er würfelt selten eine 7.
g) Am häufigsten würfelt er eine 4.
h) Er würfelt eine Zahl zwischen 0 und 7.

4 Sicher, möglich oder unmöglich? Entscheidet und begründet. Lisa würfelt mit zwei Würfeln.

a) Das Ergebnis ist 12.
b) Das Ergebnis ist größer als 1.
c) Das Ergebnis ist 20.
d) Das Ergebnis ist 6.
e) Das Ergebnis ist gerade.
f) Das Ergebnis ist kleiner als 2.

5 Sicher, möglich oder unmöglich? Entscheidet und begründet.

a)
b)
c)
d)

6 Findet eigene Beispiele. Was ist sicher, möglich oder unmöglich?

2 a) Evtl. Kopiervorlage 227 nutzen.
2 b) Alle 6 Würfelzahlen sind gleich wahrscheinlich. Es ist Zufall, welche Zahlen gewürfelt werden.
5 Unterschiedliche Anzahl an Würfeln zulassen

Dividieren – Verteilen

1 Anna verteilt 24 Karten gerecht.
Wie viele Karten bekommt jedes Kind?

a) *Alle bekommen gleich viele Karten.* *Wir sind 3 Kinder.*

a) 2 4 : 3 =
Jedes Kind bekommt

Jedes Kind bekommt ▪ Karten.

b) *Wir sind 4 Kinder.*

Jedes Kind bekommt ▪ Karten.

c) *Wir sind 6 Kinder.*

Jedes Kind bekommt ▪ Karten.

2 Wie viele Karten bekommt jedes Kind? Verteile. Zeichne.

a) 12 Karten an 4 Kinder
b) 12 Karten an 2 Kinder
c) 12 Karten an 3 Kinder
d) 12 Karten an 6 Kinder

a) 1 2 : 4 =
☺☺☺☺
☐☐☐☐
☐☐☐☐
☐☐☐☐
Jedes Kind bekommt

e) 18 Karten an 3 Kinder
f) 18 Karten an 2 Kinder
g) 18 Karten an 6 Kinder
h) 18 Karten an 9 Kinder

3 Welche Aufgabe passt zum Bild? Wähle aus und rechne.

a) *Ich verteile 16 Karten.*

A 16 + 4
B 16 : 4
C 16 : 2

b) *Ich verteile 30 Karten.*

A 30 : 5
B 30 + 3
C 30 : 3

c) *Ich verteile 20 Karten.*

A 20 · 4
B 20 : 10
C 20 : 4

d) *Ich verteile 18 Karten.*

A 18 : 2
B 18 + 3
C 18 : 3

Erklärvideo nutzen.
Verteilen: Eine Gesamtheit wird auf eine vorgegebene Anzahl von Teilmengen verteilt.
Mit Material nachspielen.

4 Wie wurde verteilt? Wie viele Kekse sind auf jedem Teller?

Ich verteile 20 Kekse auf 5 Teller.

20 : 5

20 : 5 =
Auf jedem Teller sind ☐ Kekse.

5 Wie wurde verteilt? Wie viele Kekse sind auf jedem Teller?

a)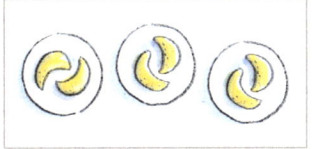

a) 6 : 3 =
Auf jedem Teller sind ☐ Kekse.

b)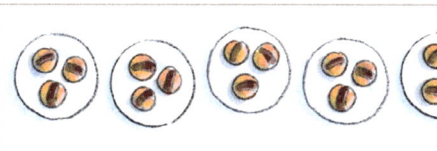

c)    d)    e)    f)

6 Verteile die Kekse gerecht. Finde verschiedene Möglichkeiten.

a)

a) 12 : 3 =
12 : 2 =
12 : ☐ =
12 : ☐ =

b)

c)

7 Rechne und prüfe mit der Umkehraufgabe.

a) 10 : 2   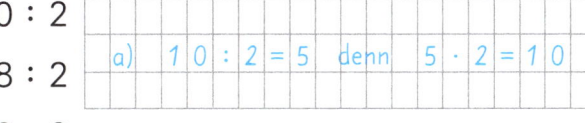   b) 14 : 2   c) 5 : 5   d) 20 : 10
   8 : 2   a) 10 : 2 = 5 denn 5 · 2 = 10   12 : 2   15 : 5   40 : 10
   2 : 2   18 : 2   25 : 5   60 : 10

Einmaleins mit 3

1 a) Welche Einmaleinsaufgaben mit 3 kennst du schon? Schreibe auf.
   b) Sammelt eure Aufgaben und erklärt.

2 Die Kernaufgaben helfen. Beschreibt die Rechenwege der Kinder.

 die Rechenkonferenz

Lina:
2 · 3 = 6
2 · 3 = 6
2 · 3   6
─────────
6 · 3 = 18

Elif:
5 · 3 = 6
1 · 3 = 6
6 · 3 = 18

Finn:
10 · 3 = 30
2 · 3 = 6
2 · 3   6
─────────
6 · 3 = 18

Kernaufgaben

1 · 3 = ■
2 · 3 = ■
5 · 3 = ■
10 · 3 = ■

3 Rechne mithilfe der Kernaufgaben.

a) 3 · 3
2 · 3 =
1 · 3 =
─────
3 · 3 =

b) 4 · 3
2 · 3 =
2 · 3 =
─────
4 · 3 =

c) 6 · 3
5 · 3 =
1 · 3 =
─────
6 · 3 =

d) 7 · 3
5 · 3 =
2 · 3 =
─────
7 · 3 =

e) 8 · 3
10 · 3 =
2 · 3 =
─────
8 · 3 =

f) 9 · 3
10 · 3 =
1 · 3 =
─────
9 · 3 =

Einmaleins mit 3

0 · 3 =
1 · 3 =
2 · 3 =
3 · 3 =
4 · 3 =
5 · 3 =
6 · 3 =
7 · 3 =
8 · 3 =
9 · 3 =
10 · 3 =

4 a) 0 · 3   b) 10 · 3   c) 6 · 3   d) 7 · 3   🐬 e) 11 · 3
   1 · 3   5 · 3   3 · 3   2 · 3   12 · 3
   2 · 3   4 · 3   9 · 3   8 · 3   13 · 3

5 Wie oft?

a) ▓ · 3 = 30   b) ▓ · 3 = 21   c) ▓ · 3 = 3
   ▓ · 3 = 15   ▓ · 3 = 18   ▓ · 3 = 0
   ▓ · 3 = 24   ▓ · 3 = 27   ▓ · 3 = 6

6 Die Kinder haben Dreiecke gelegt. Wie viele Stäbe sind es jeweils? Erzählt und rechnet.

7 Lege mit Stäben Dreiecke. Wie viele Dreiecke kannst du jeweils legen?

a) mit 12 Stäben
b) mit 18 Stäben
c) mit 27 Stäben

a) 12 : 3 = 4
4 Dreiecke

d) mit 6 Stäben
e) mit 15 Stäben
f) mit 21 Stäben

🐝 g) mit 24 Stäben
🐝 h) mit 9 Stäben
🐝 i) mit 30 Stäben

8 a) 6 : 3 =   denn   · 3 = 6   b) 9 : 3 =   denn   · 3 = 9
    12 : 3 =   denn   · 3 = 12   15 : 3 =   denn   · 3 = 15
    24 : 3 =   denn   · 3 = 24   30 : 3 =   denn   · 3 = 30
    27 : 3 =   denn   · 3 = 27   18 : 3 =   denn   · 3 = 18

9 a) Legt nach.

Wie viele Dreiecke seht ihr?

b) Legt nach.

Nehmt 2 Stäbe weg. Es sollen ein großes und ein kleines Dreieck übrig bleiben.

c) Nehmt 12 Stäbe.

Legt möglichst viele Dreiecke.

10 a) 38 + 20   b) 42 − 20   c) 50 + 17   d) 66 − 50   e) 19 + 60
     47 + 30   56 − 30   20 + 32   83 − 20   34 + 50
     16 + 40   85 − 40   60 + 29   98 − 60   44 + 30
     25 + 50   93 − 50   30 + 48   77 − 40   58 + 40

16 22 26 37 38 43 45 52 56 58 63 67 74 75 77 78 79 84 89 98

Evtl. mit Material legen.

Einmaleins mit 6

1 a) Welche Einmaleinsaufgaben mit 6 kennst du schon? Schreibe auf.
b) Sammelt eure Aufgaben und erklärt.

2 Von den Kernaufgaben zu den anderen Multiplikationsaufgaben.
Rechnet auf eurem Weg und erklärt.

4 · 6

☐ · 6 = ☐
☐ · 6 = ☐
4 · 6 = ☐

Kernaufgaben

1 · 6 = ■
2 · 6 = ■
5 · 6 = ■
10 · 6 = ■

3 Rechne mithilfe der Kernaufgaben.

a) 3 · 6
2 · 6 =
1 · 6 =
3 · 6 =

b) 4 · 6
2 · 6 =
2 · 6 =
4 · 6 =

c) 6 · 6
5 · 6 =
1 · 6 =
6 · 6 =

d) 7 · 6
5 · 6 =
2 · 6 =
7 · 6 =

e) 8 · 6
10 · 6 =
2 · 6 =
8 · 6 =

f) 9 · 6
10 · 6 =
1 · 6 =
9 · 6 =

Einmaleins mit 6

0 · 6 = ☐
1 · 6 = ■
2 · 6 = ■
3 · 6 = ☐
4 · 6 = ☐
5 · 6 = ■
6 · 6 = ☐
7 · 6 = ☐
8 · 6 = ☐
9 · 6 = ☐
10 · 6 = ■

4 a) 2 · 6
1 · 6
3 · 6

b) 10 · 6
5 · 6
6 · 6

c) 7 · 6
8 · 6
9 · 6

d) 0 · 6
4 · 6
7 · 6

🐬 e) 10 · 6
12 · 6
13 · 6

🐬 f) 10 · 6
20 · 6
21 · 6

5 Wie oft?

a) ☐ · 6 = 18
☐ · 6 = 24
☐ · 6 = 30

b) ☐ · 6 = 60
☐ · 6 = 54
☐ · 6 = 48

c) ☐ · 6 = 0
☐ · 6 = 6
☐ · 6 = 12

🐬 d) ☐ · 6 = 60
☐ · 6 = 66
☐ · 6 = 72

6

Wie viele Beine haben die sieben Käfer zusammen?
Legt eine Tabelle an.

Käfer	Beine
1	6
2	12
3	
4	
5	
6	
7	

7 Wie viele Beine sind es jeweils? Zeichne eine Skizze und rechne.

a) 2 Käfer　　　　b) 3 Käfer　　　　c) 5 Käfer

d) 1 Käfer　　　　e) 4 Käfer　　　　f) 6 Käfer

g) 9 Käfer　　　　h) 0 Käfer　　🐬 i) 11 Käfer

8 Kann das stimmen? Begründet.

a) Mit drei Würfeln habe ich insgesamt 20 erreicht.

b) Ich habe mit zwei Würfeln insgesamt 12 erreicht.

c) Mit zwei Würfeln kann ich nie 14 erreichen.

9
a) 6 : 6　　　b) 60 : 6　　　c) 42 : 6　　🐬 d) 66 : 6
　 12 : 6　　　 30 : 6　　　 0 : 6　　　　 72 : 6
　 48 : 6　　　 18 : 6　　　 54 : 6　　　　120 : 6
　 36 : 6　　　 54 : 6　　　 24 : 6　　　　 90 : 6

10 Wie heißt die Zahl?

a) Meine Zahl ist eine Dreierzahl und eine Sechserzahl. Sie ist kleiner als 10.

b) Meine Zahl ist eine Dreierzahl und eine Sechserzahl und eine Fünferzahl.

c) Meine Zahl ist eine Dreierzahl und eine Sechserzahl. Sie ist größer als 58.

Einmaleins mit 3 und 6

1 Wie viele Stäbchen sind es? Lege und rechne. *Setze fort.*

Was fällt dir auf?

2 · 3   1 · 6

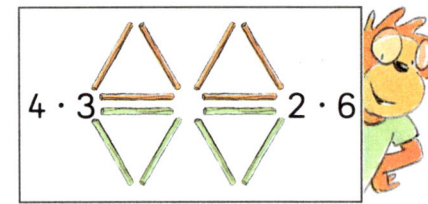
4 · 3   2 · 6

6 · 3   3 · 6

2 a) 12 : 6 = ___ denn ___ · 6 = 12   b) 18 : 6 = ___ denn ___ · 6 = 18
   24 : 6 = ___ denn ___ · 6 = 24   30 : 6 = ___ denn ___ · 6 = 30
   48 : 6 = ___ denn ___ · 6 = 48   60 : 6 = ___ denn ___ · 6 = 60

3 Findet möglichst viele Multiplikationsaufgaben zu diesen Ergebnissen.

a) Ergebnis 24   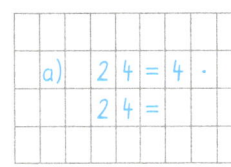   b) Ergebnis 30   c) Ergebnis 18   d) Ergebnis

4 a) 6 = ___ · 6   b) 12 = ___ · 6   c) 18 = ___ · 6   d) 24 = ___ · 6   e) 30 = ___ · 6
     6 = ___ · 3   12 = ___ · 3   18 = ___ · 3   24 = ___ · 3   30 = ___ · 3

🐬 f) 60 = ___ · 6 🐬 g) 36 = ___ · 6 🐬 h) 42 = ___ · 6 🐬 i) 48 = ___ · 6 🐬 j) 54 = ___ · 6
   60 = ___ · 3   36 = ___ · 3   42 = ___ · 3   48 = ___ · 3   54 = ___ · 3

5 a) 7 + 5   b) 9 + 8   c) 6 + 7   d) 8 + 4   e) 9 + 5
     17 + 5   29 + 8   66 + 7   38 + 4   79 + 5

   12 12 13 14 17 22 37 42 73 84

6 a) 12 − 5   b) 13 − 7   c) 18 − 9   d) 16 − 8   e) 15 − 7
     32 − 5   23 − 7   28 − 9   46 − 8   55 − 7

   6 7 8 9 16 19 27 38 48

3 d) Offene Aufgabe.

Einmaleins mit 9

1 a) Welche Einmaleinsaufgaben mit 9 kennst du schon? Schreibe auf.
b) Sammelt eure Aufgaben und erklärt.

Kernaufgaben

1 · 9 =
2 · 9 =
5 · 9 =
10 · 9 =

2 Rechne mithilfe der Kernaufgaben.

a) 3 · 9
2 · 9 =
1 · 9 =
_____
3 · 9 =

b) 4 · 9
2 · 9 =
2 · 9 =
_____
4 · 9 =

c) 6 · 9
5 · 9 =
1 · 9 =
_____
6 · 9 =

d) 7 · 9
5 · 9 =
2 · 9 =
_____
7 · 9 =

e) 8 · 9
10 · 9 =
2 · 9 =
_____
8 · 9 =

f) 9 · 9
10 · 9 =
1 · 9 =
_____
9 · 9 =

Einmaleins mit 9

0 · 9 =
1 · 9 =
2 · 9 =
3 · 9 =
4 · 9 =
5 · 9 =
6 · 9 =
7 · 9 =
8 · 9 =
9 · 9 =
10 · 9 =

3 a) 2 · 9   b) 5 · 9   c) 0 · 9   d) 10 · 9   e) 10 · 9
3 · 9   6 · 9   1 · 9   9 · 9   11 · 9
4 · 9   7 · 9   2 · 9   8 · 9   12 · 9

4 Wie oft?

a) ☐ · 9 = 18   b) ☐ · 9 = 63   c) ☐ · 9 = 36
   ☐ · 9 = 9   ☐ · 9 = 90   ☐ · 9 = 45
   ☐ · 9 = 27   ☐ · 9 = 81   ☐ · 9 = 54

5 9 : 9 =   denn   ☐ · 9 = 9
18 : 9 =   denn   ☐ · 9 = 18
45 : 9 =   denn   ☐ · 9 = 45

6 Erforsche den Fingertrick.

Zehner Einer   Zehner Einer

2 · 9   8 · 9

Rechenstrategie – Nachbaraufgaben mit 9

1 Erklärt und rechnet. $9 \cdot 3$

$10 \cdot 3 = 30$
$1 \cdot 3 = 3$
$9 \cdot 3 =$

Mir hilft die Kernaufgabe 10 mal 3.

Ich decke 1 mal 3 ab. Jetzt sind es 9 mal 3.

Ich rechne 10 mal 3 minus 1 mal 3.

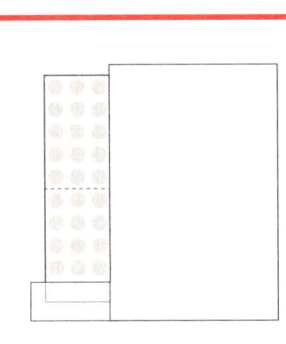

$9 \cdot 3$

$10 \cdot 3 = 30$
$1 \cdot 3 = 3$
$9 \cdot 3 = 27$

Rechenstrategie
Nachbaraufgaben mit 9

Ich rechne 10 mal 3 minus 1 mal 3.

---

2 Zeigt am Punktefeld mit dem Abdeckwinkel und rechnet.

a)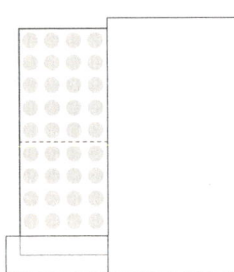

$9 \cdot 4$

$10 \cdot 4 =$
$1 \cdot 4 =$
$9 \cdot 4 =$

b)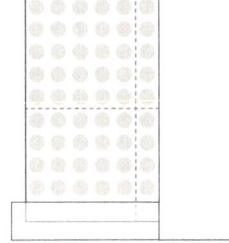

$9 \cdot 6$

$10 \cdot 6 =$
$1 \cdot 6 =$
$9 \cdot 6 =$

c)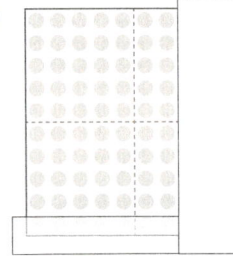

$9 \cdot 7$

$10 \cdot 7 =$
$1 \cdot 7 =$
$9 \cdot 7 =$

d)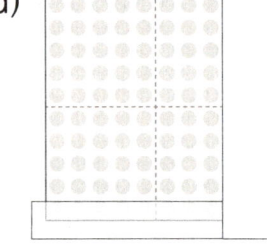

$9 \cdot 8$

$10 \cdot 8 =$
$1 \cdot 8 =$
$9 \cdot 8 =$

Wortspeicher nutzen. Beilage Punktefeld und Abdeckwinkel nutzen.

Einmaleins mit 3, 6 und 9

1 a) Kreist in einer Hundertertafel ein:
- die Dreierzahlen grau
- die Sechserzahlen rot
- die Neunerzahlen blau

b) Welche Zahlen sind es jeweils? Schreibt auf.
- einmal eingekreist
- zweimal eingekreist
- dreimal eingekreist

c) Erklärt die Zusammenhänge.
Warum sind einige Zahlen mehrmals eingekreist?

1	2	③	4	5	⑥	7	8	⑨	10
11	⑫	13	14	⑮	16	17	⑱	19	20
21	22	23	24	25	26	27	28	29	30
31	32	33	34	35	36	37	38	39	40
41	42	43	44	45	46	47	48	49	50
51	52	53	54	55	56	57	58	59	60
61	62	63	64	65	66	67	68	69	70
71	72	73	74	75	76	77	78	79	80
81	82	83	84	85	86	87	88	89	90
91	92	93	94	95	96	97	98	99	100

2 Kann das stimmen? Begründet.

a) Jede Dreierzahl ist auch eine Sechserzahl.

b) Jede Neunerzahl ist auch eine Dreierzahl.

c) Jede Sechserzahl ist auch eine Dreierzahl und eine Neunerzahl.

3 Rechne und vergleiche.

a) 5 · 3   b) 8 · 3   c) 3 · 3   d) 9 · 3   e) 4 · 3   f) 7 · 3
   5 · 6   8 · 6   3 · 6   9 · 6   4 · 6   7 · 6
   5 · 9   8 · 9   3 · 9   9 · 9   4 · 9   7 · 9

4 a) ▩ · 9 = 18   b) ▩ · 6 = 12   c) ▩ · 9 = 9   d) ▩ · 6 = 36   e) ▩ · 3 = 36
     ▩ · 3 = 18   ▩ · 3 = 12   ▩ · 3 = 9   ▩ · 9 = 36   ▩ · 9 = 99
     ▩ · 6 = 18   ▩ · 6 = 24   ▩ · 3 = 30   ▩ · 9 = 72   ▩ · 9 = 108

5 Rechne. Was fällt dir auf?

a) 9 = ▩ · 9   b) 27 = ▩ · 9   c) 30 = ▩ · 3   d) 6 = ▩ · 6   e) 50 = ▩ · 5
   18 = ▩ · 9   54 = ▩ · 9   15 = ▩ · 3   12 = ▩ · 6   25 = ▩ · 5
   36 = ▩ · 9   81 = ▩ · 9   3 = ▩ · 3   24 = ▩ · 6   5 = ▩ · 5
   72 = ▩ · 9   72 = ▩ · 9   6 = ▩ · 3   48 = ▩ · 6   10 = ▩ · 5

1 Evtl. Kopiervorlage 13 nutzen.

Einmaleins mit 7

1 a) Welche Einmaleinsaufgaben mit 7 kennst du schon? Schreibe auf.
b) Sammelt eure Aufgaben und erklärt.

2 Eine Woche hat 7 Tage.
Wie viele Tage sind es jeweils?

a) 2 Wochen

b) 5 Wochen   c) 10 Wochen

d) 3 Wochen   e) 4 Wochen   f) 9 Wochen

Kernaufgaben

1 · 7 =
2 · 7 =
5 · 7 =
10 · 7 =

3 Rechne mithilfe der Kernaufgaben.

a) 3 · 7
2 · 7 =
1 · 7 =
―――
3 · 7 =

b) 4 · 7
2 · 7 =
2 · 7 =
―――
4 · 7 =

c) 6 · 7
5 · 7 =
1 · 7 =
―――
6 · 7 =

d) 7 · 7
5 · 7 =
2 · 7 =
―――
7 · 7 =

e) 8 · 7
10 · 7 =
2 · 7 =
―――
8 · 7 =

f) 9 · 7
10 · 7 =
1 · 7 =
―――
9 · 7 =

Einmaleins mit 7

0 · 7 =
1 · 7 =
2 · 7 =
3 · 7 =
4 · 7 =
5 · 7 =
6 · 7 =
7 · 7 =
8 · 7 =
9 · 7 =
10 · 7 =

4 a) 2 · 7   b) 5 · 7   c) 0 · 7   d) 10 · 7   e) 10 · 7
3 · 7   6 · 7   1 · 7   9 · 7   11 · 7
4 · 7   7 · 7   2 · 7   8 · 7   12 · 7

5 Wie oft?

a) ⬜ · 7 = 7   b) ⬜ · 7 = 21   c) ⬜ · 7 = 70
   ⬜ · 7 = 14   ⬜ · 7 = 56   ⬜ · 7 = 42
   ⬜ · 7 = 28   ⬜ · 7 = 35   ⬜ · 7 = 49

Einmaleins mit 7, Quadratzahlen

1 a) 14 = ___ · 7   b) 35 = ___ · 7   c) 70 = ___ · 7   d) 70 = ___ · 7
   28 = ___ · 7   42 = ___ · 7   63 = ___ · 7   77 = ___ · 7
   56 = ___ · 7   49 = ___ · 7   56 = ___ · 7   84 = ___ · 7

2 a) 21 : 7   b) 35 : 7   c) 7 : 7   d) 70 : 7   e) 63 : 7
   28 : 7   42 : 7   14 : 7   63 : 7   70 : 7
   35 : 7   49 : 7   21 : 7   56 : 7   77 : 7

1 2 3 3 4 5 5 6 7 8 9 9 10 10 11

3 a) 7 : 7 = ___ denn ___ · 7 = 7   b) 21 : 7 = ___ denn ___ · 7 = 21
   14 : 7 = ___ denn ___ · 7 = 14   42 : 7 = ___ denn ___ · 7 = 42
   35 : 7 = ___ denn ___ · 7 = 35   70 : 7 = ___ denn ___ · 7 = 70

4 Wie viele Wochen sind es jeweils?

a) 14 Tage   b) 7 Tage   c) 21 Tage   d) 77 Tage
   35 Tage   70 Tage   42 Tage   84 Tage
   49 Tage   28 Tage   63 Tage   91 Tage

a) 1 4 Tage = 2 Wochen

5 Wie viele Wochen und Tage sind es?

a) 20 Tage   b) 42 Tage   c) 10 Tage   d) 56 Tage
   21 Tage   44 Tage   14 Tage   55 Tage

a) 2 0 Tage = 2 Wochen 6 Tage

6 Findet alle Quadratzahlen am Punktefeld.

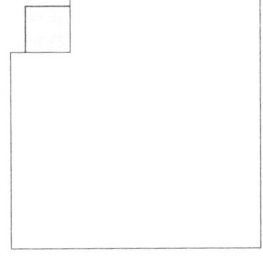  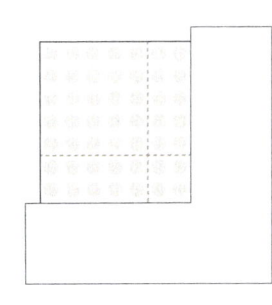 

2 · 2 = ___   5 · 5 = ___   7 · 7 = ___

Die Produkte dieser Aufgaben heißen Quadratzahlen.

6 Beilage Punktefeld und Abdeckwinkel nutzen.

Dividieren mit Rest

1 Beschreibt.

die Rechenkonferenz

„13 Kinder haben sich in Dreiergruppen aufgeteilt. 1 Kind bleibt übrig."

13 : 3 = 4 Rest 1

2 Schreibe passende Geschichten. Zeichne und rechne.

a)

2) a) 11 Kinder bilden Dreiergruppen.
2 Kinder bleiben übrig.
☺☺☺ ☺☺☺ ☺☺☺ ☺☺
11 : 3 = ___ R

b) 17 Kinder bilden Dreiergruppen.
c) 8 Kinder bilden Dreiergruppen.
d) 25 Kinder bilden Dreiergruppen.

3 Können die Kinder immer gleich große Gruppen bilden?

a) 15 Kinder bilden Zweiergruppen.   b) 14 Kinder bilden Vierergruppen.
c) 22 Kinder bilden Fünfergruppen.   d) 18 Kinder bilden Dreiergruppen.
e) 17 Kinder bilden Vierergruppen.   f) 23 Kinder bilden Sechsergruppen.

4 Fülle die Gefäße gleichmäßig. Zeichne Bilder und löse die Aufgaben.

a) 16 Zitronen, 3 Netze   b) 18 Birnen   c) 22 Tomaten

4) a) 16 : 3 = ___ Rest ___

Die Situationen evtl. nachspielen.

5 Die Kinder bauen Türme. Bleiben Würfel übrig?

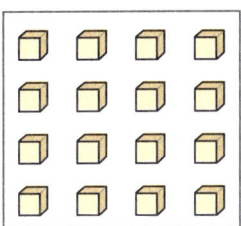

a) Lisa b) Benni c) Nina

d) Baut gleich hohe Türme. Schreibt dazu Rechnungen.

6 Baue gleich hohe Türme. Finde mehrere Möglichkeiten. Zeichne und rechne.

a) 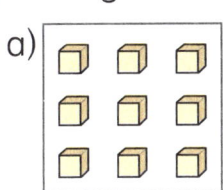
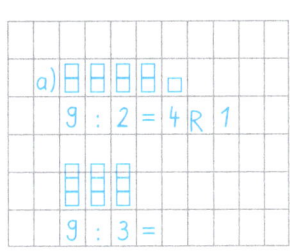
a) 9 : 2 = 4 R 1
9 : 3 =

b)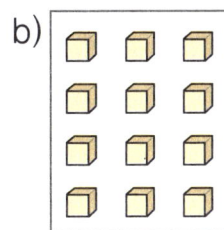

c)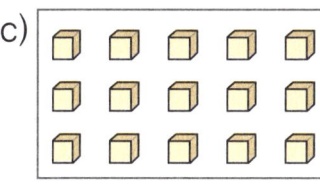

7  Baue Dreiertürme
a) mit 15 Würfeln
b) mit 16 Würfeln
c) mit 17 Würfeln

| a) | 1 5 : 3 = |
| b) | 1 6 : 3 = |

8 Baue Fünfertürme
a) mit 19 Würfeln
b) mit 20 Würfeln
c) mit 21 Würfeln

9  Baue Vierertürme
a) mit 16 Würfeln
b) mit 17 Würfeln
c) mit 18 Würfeln

10 Einige Aufgaben sind falsch gerechnet. Sucht die Fehler. Besprecht.

 die Rechenkonferenz

a) 12 : 5 = 2 R 2
12 : 3 = 4 R 1
12 : 6 = 2

b) 18 : 6 = 3 R 1
14 : 5 = 2 R 4
17 : 3 = 5 R 3

c) 20 : 6 = 3 R 2
25 : 5 = 5
24 : 7 = 2 R 10

11

10 : 3 = 3 Rest 1

3 · 3 + 1 = 10

Das ist die Umkehraufgabe.

Finde die passende Umkehraufgabe.

20 : 6 = 3 Rest ▓   30 : 9 = 3 Rest ▓

23 : 4 = 5 Rest ▓   13 : 3 = 4 Rest ▓   14 : 5 = 2 Rest ▓

Längen – Meter

1 Messt euren Klassenraum mit Schritten. Vergleicht und beschreibt.

die Rechenkonferenz

Länge des Klassenraums

13 Schritte	18 Schritte
Lena	Aron

2 Messt euren Klassenraum genau.

> Ein **Meter** ist immer gleich lang.
>
> **genau** 1 Meter (1 m)
>
> Die **Schrittlänge** ist bei jeder Person anders.
>
> **2 Schritte** ungefähr 1 **m**

3 Stellt Meterbänder her. Findet passende Gegenstände. Notiert in der Tabelle.

kürzer als 1 m	genau 1 m	länger als 1m
Bleistift		

4 Wie viele Meter sind es? Schätzt und begründet. Dann messt mit den Meterbändern. Notiert in einer Tabelle.

Ich schätze, die Tür ist 1m breit, weil ich 2 Schritte gehen kann.

Ich messe.

	geschätzt	gemessen
Tür		
Tisch		
Tafel		
Klassenraum		

? 5 Kann das stimmen? Begründet.

a) Eine Tür ist etwa 5 m hoch.

b) Der Papierkorb ist niedriger als 1 m.

c) Die Tafel ist 2 m breit.

d) Der Klassenraum ist länger als 30 m.

Längen – Zentimeter

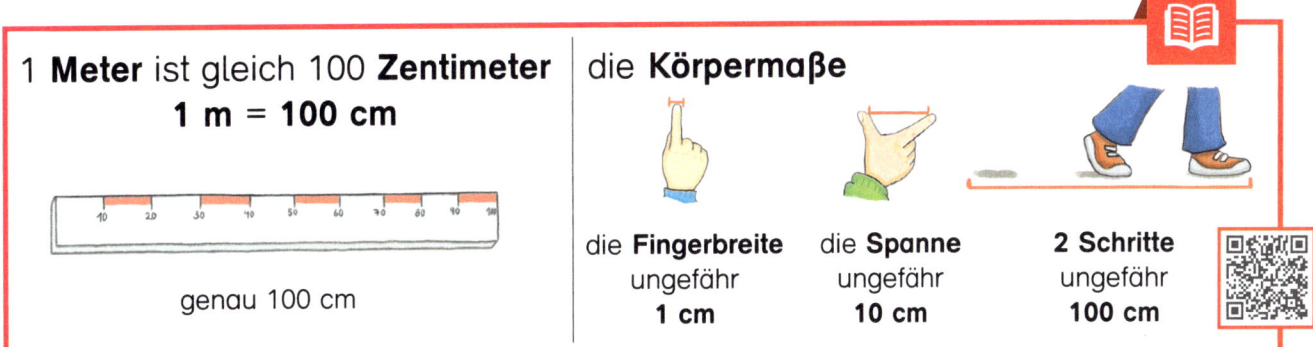

1 **Meter** ist gleich 100 **Zentimeter**
1 m = 100 cm

genau 100 cm

die **Körpermaße**

die **Fingerbreite** ungefähr **1 cm**

die **Spanne** ungefähr **10 cm**

2 Schritte ungefähr **100 cm**

1 Wer misst richtig? Begründet.

Paul

Sara

2 Wie viele Zentimeter sind es? Schätzt und begründet.
Dann messt mit dem Lineal. Notiert in einer Tabelle.

Ich schätze, die Schere ist 12 cm lang, weil sie ein wenig länger ist als meine Spanne.

Ich messe.

	geschätzt	gemessen
Schere		
Anspitzer		
Büroklammer		
Bleistift		
Mathebuch		

3 Der rote Streifen ist 2 cm lang. Schätze erst die Länge der anderen Streifen.
Miss dann mit dem Lineal.

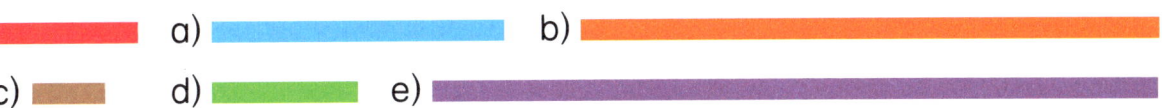

a)   b)
c)   d)   e)

4 Kann das stimmen? Begründet.

a) Ein Bleistift ist 15 cm lang.

b) Eine Schere ist 1 cm lang.

c) Ein Lineal ist kürzer als ein Mathebuch.

d) Eine Fingerbreite ist ungefähr 1 m.

Längen – Messen, zeichnen und rechnen

Eine **Strecke** hat einen Anfangspunkt und einen Endpunkt.
Die Länge der Strecke $\overline{AB}$ kann ich messen.

$\overline{AB}$ = 4 cm

1 Miss die Länge jeder Strecke. Zeichne sie dann in dein Heft.

a) A———B b) C————————D c) E——————————F

d) G——————————————H e) I————————————————J

 f) K————————————————————L  g) M—N

2 Zeichne Strecken.

a) $\overline{AB}$ = 3 cm   b) $\overline{CD}$ = 7 cm   c) $\overline{EF}$ = 10 cm   d) $\overline{GH}$ = 9 cm

e) $\overline{IJ}$ = 12 cm   f) $\overline{KL}$ = 2 cm   🐝 g) $\overline{MN}$ = 5 cm   🐝 h) $\overline{OP}$ = 4 cm

3 Eine Strecke ist 4 cm lang. Zeichne jeweils eine passende Strecke:

a) halb so lang.   b) doppelt so lang.   c) 5 cm länger.   d) 1 cm kürzer.

4 Welche Schnecke hat den kürzeren Weg zum Salat? Vermute zuerst. Miss und rechne.

5 Eine Weinbergschnecke kriecht in einer Minute 7 cm. Wie weit kommt sie in 5 Minuten?

Längen – Zentimeter und Millimeter

1 Vergleicht Zentimeter und Millimeter. Erklärt.

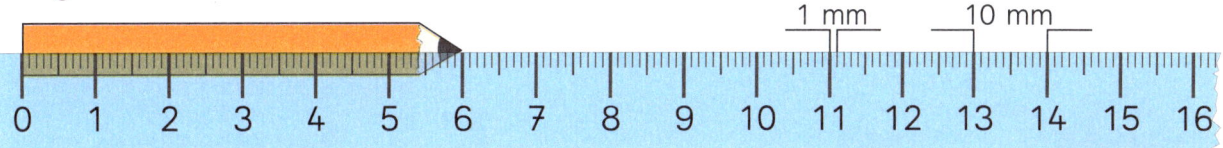

Wie lang ist der Stift in Zentimeter, in Millimeter?

> **1 Zentimeter** ist gleich **10 Millimeter**
> **1 cm = 10 mm**

2 Miss die Länge der Schrauben in Millimeter.

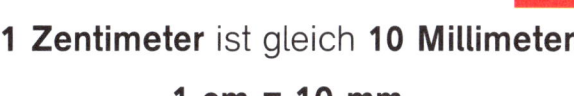

a) 50 mm

a) b) c) d) e) f) g) h) i) j) k) l) m)

3 Zeichne die Strecken. Setze das Muster fort.

a) $\overline{AB}$ = 10 mm   b) $\overline{CD}$ = 15 mm   c) $\overline{EF}$ = 20 mm   d) $\overline{GH}$ = 25 mm

4 Vergleiche die Längenangaben. Setze ein. < = >

a) 5 cm ◉ 5 mm   b) 2 cm 3 mm ◉ 23 mm
   2 cm ◉ 20 mm   9 cm 9 mm ◉ 90 mm
   3 cm ◉ 33 mm   1 cm 5 mm ◉ 15 cm
   7 cm ◉ 67 mm   5 cm 4 mm ◉ 55 mm

a) 5 cm > 5 mm

5 Kann das stimmen? Begründet.

a) Das Mathematikbuch ist dicker als 5 mm.   b) Ein Anspitzer ist etwa 3 mm lang.

c) Ein Steckwürfel ist breiter als 10 mm.   d) Eine 2-Euro-Münze ist etwa 2 mm dick.

Wortspeicher nutzen.
2 Millimetergenau messen.

Längen – Größenvorstellungen

Eine **Merkhilfe** hilft dir beim Schätzen von Längen:
Sie kann ein Körpermaß sein oder ein Gegenstand.

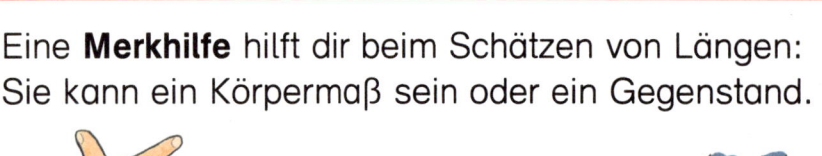

die **Spanne** ungefähr **10 cm**   **2 Schritte** ungefähr **1 m**

1 Mein Klebestift ist 10 cm lang. Ich schätze, dass ich ihn dreimal an mein Mathematikbuch anlegen könnte.

Dann schätzt du, dass das Buch 30 cm lang ist.

Schätzt die Längen mithilfe eurer Merkhilfen.

a) Schultisch   b) Federmappe   c) Findet weitere Gegenstände

2
a) Das Kind ist 1 m groß. Schätzt, wie hoch jeweils der Baum ist. Begründet.

b) Das Auto ist 3 m lang. Schätzt, wie breit jeweils das Haus ist. Begründet.

3 Meter, Zentimeter oder Millimeter?

8 m, 8 cm oder 8 mm?

a) Länge eines Spielzeugautos: 8

b) Breite des Mathebuchs: 21   c) Länge einer Büroklammer: 25

d) Breite einer Tür: 1   e) Höhe eines Hauses: 10

f) Länge eines Radiergummis: 6   g) Länge einer Waldameise: 5

1 c) Offene Aufgabe.

Kombinationen – Eis

1 Annas Lieblingssorten sind **Erdbeere**, **Schoko** und **Vanille**. Sie möchte zwei Kugeln bestellen.

a) Welche Möglichkeiten hat sie? Male oder schreibe.

Ich male an und lege.

b) Wie viele Möglichkeiten habt ihr gefunden? Sortiert und begründet.

Ich zeichne eine Tabelle.

c) Habt ihr alle Möglichkeiten gefunden? Begründet.

2 Leon mag gerne **Erdbeere**, **Schoko** und **Apfel**. Er möchte zwei Kugeln bestellen.

a) Wie viele Möglichkeiten habt ihr gefunden? Sortiert und begründet.

b) Habt ihr alle Möglichkeiten gefunden? Begründet.

3 Pia hat Geburtstag. Sie darf an der Eingangstür zwei Luftballons aufhängen.

Sie hat rote, blaue und gelbe Luftballons zur Auswahl.

a) Wie viele Möglichkeiten habt ihr gefunden? Sortiert und begründet.

b) Habt ihr alle Möglichkeiten gefunden? Begründet.

Kombinationen – Sitzordnung

1 Lisa, Ali und Ole setzen sich. Welche Möglichkeiten gibt es?

a) Legt, schreibt, spielt oder fotografiert.
b) Habt ihr alle Möglichkeiten gefunden?
   Sortiert und begründet.
   Wie viele Möglichkeiten gibt es?

2 Ina, Ben, Enno und Rika setzen sich auf **vier** Stühle. Ina setzt sich auf den Stuhl ganz links. Ben, Enno und Rika setzen sich auf die anderen Stühle.

a) Welche Möglichkeiten gibt es?
b) Habt ihr alle Möglichkeiten gefunden?
   Sortiert und begründet.

3 **Drei** Stühle sind frei. Ben und Lisa setzen sich.

a) Welche Möglichkeiten gibt es?
b) Habt ihr alle Möglichkeiten gefunden?
   Sortiert und begründet.

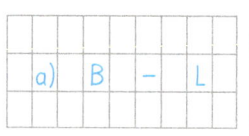 

4 Wer ist wer?

Ben sitzt neben Ina.
Enno sitzt zwischen Lisa und Ina.
Ben ist acht Jahre alt.
Rika sitzt neben Lisa,
aber nicht neben Enno.
Rika hat die Nummer 5.

Verdoppeln und halbieren

**1**

$24 + 24 = $ ☐ $2 \cdot 24 = $ ☐

2

a) verdoppeln →	b) verdoppeln →	c) verdoppeln →	d) verdoppeln →	e) verdoppeln →
3	5	10	60	28
4	8	30	70	44
2	11	50	80	62

**3** Legt und halbiert die Zehnerzahlen. Was fällt euch auf? Begründet.

a) 10   b) 50   c) 70   d) 90   e) 100   f) 110   g) 130

4 Legt und halbiert. Notiert jeweils die passende Halbierungsaufgabe.

a) 12   b) 26   c) 44   d) 68   e) 54   f) 72

a) 12 = 6 +

5 Halbiere immer wieder. Wie oft ist das möglich?

a) 8   b) 88   c) 100   d) 64   e) 200   f) 1000

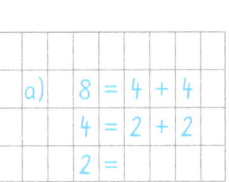
a) 8 = 4 + 4
4 = 2 + 2
2 =

Erklärvideo nutzen. Evtl. Material nutzen.
1 Mit dem Spiegel weitere Verdoppelungssituationen gestalten.
3 Feststellen: Wenn man ungerade Zehnerzahlen halbiert, erhält man Fünferzahlen.

Ergänzen zu 100

1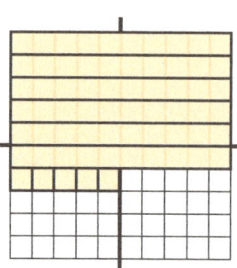

Leonie hat 65 € gespart.
Wie viel Geld fehlt ihr noch? 65 + ⬚ = 100

Mein Weg:

2 a) 43 + ⬚ = 100   b) ⬚ + ⬚ = 100   c) ⬚ + ⬚ = 100   d) ⬚ + ⬚ = 100

3
a) 22 + ⬚ = 100
44 + ⬚ = 100
66 + ⬚ = 100
88 + ⬚ = 100

b) 33 + ⬚ = 100
77 + ⬚ = 100
99 + ⬚ = 100
55 + ⬚ = 100

c) 25 + ⬚ = 100
28 + ⬚ = 100
48 + ⬚ = 100
45 + ⬚ = 100

d) 47 + ⬚ = 100
57 + ⬚ = 100
67 + ⬚ = 100
87 + ⬚ = 100

  1 12 13 23 33 34 43 45 52 53 55 56 67 72 75 78

4
a) 40 + ⬚ = 100
42 + ⬚ = 100
44 + ⬚ = 100
⬚ + ⬚ = 100
⬚ + ⬚ = ⬚

b) 70 + ⬚ = 100
71 + ⬚ = 100
72 + ⬚ = 100
⬚ + ⬚ = 100
⬚ + ⬚ = ⬚

c) 95 + ⬚ = 100
85 + ⬚ = 100
75 + ⬚ = 100
⬚ + ⬚ = 100
⬚ + ⬚ = ⬚

d) 23 + ⬚ = 100
33 + ⬚ = 100
43 + ⬚ = 100
⬚ + ⬚ = 100
⬚ + ⬚ = ⬚

e) Welches Päckchen beschreibt Ella?

 „Der erste Summand wird immer um 10 kleiner. Der zweite Summand wird immer um 10 größer. Deshalb bleibt die Summe gleich."

f) Sucht andere Päckchen aus. Beschreibt sie euch gegenseitig.

4 Feststellen: Bei gleich bleibender Summe gilt: je größer der eine Summand desto kleiner der andere.

Ergänzen

die Rechenkonferenz

1

a) Nelli hat 44€ gespart. Wie viel Geld fehlt ihr noch?
b) Niklas hat schon 5€ gespart. Wie viel Geld muss er noch sparen?
c) Laura bekommt in der Woche 2€ Taschengeld. Sie hat schon 84€ für das Fahrrad gespart. Wie lange muss sie noch sparen?

2 a) 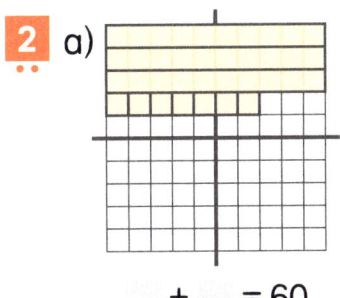 ___ + ___ = 60   b) ___ + ___ = 70   c) 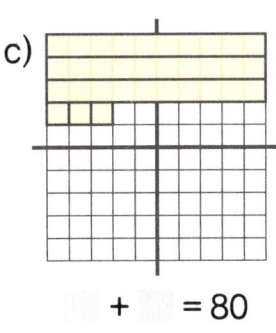 ___ + ___ = 80   d) 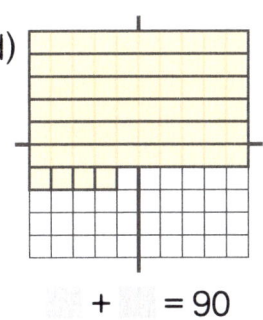 ___ + ___ = 90

3
a) 22 + ___ = 80
44 + ___ = 80
65 + ___ = 80
73 + ___ = 80

b) 33 + ___ = 60
47 + ___ = 60
14 + ___ = 60
26 + ___ = 60

c) 25 + ___ = 70
28 + ___ = 70
48 + ___ = 70
45 + ___ = 70

d) 27 + ___ = 90
52 + ___ = 90
67 + ___ = 90
41 + ___ = 90

🔦 7 13 15 22 23 25 27 34 36 38 42 45 46 49 58 63

4
a) 17 + ___ = 80
32 + ___ = 70
48 + ___ = 60
26 + ___ = 50

b) 43 + ___ = 70
31 + ___ = 60
52 + ___ = 100
84 + ___ = 90

c) 27 + ___ = 70
35 + ___ = 50
29 + ___ = 80
15 + ___ = 60

d) 37 + ___ = 45
59 + ___ = 75
28 + ___ = 92
65 + ___ = 83

🔦 6 8 12 15 16 18 24 27 29 38 43 45 48 51 63 64

5 Bilde passende Aufgaben mit dem gleichen Ergebnis. Wähle von jeder Farbe eine Karte.

a) 25 7 10
34 5 20 50
13 6 30

b) 47 4 40
51 9 30 80
36 3 20

c) 34 3 8
27 0 6 60
52 20 30

Addieren – Rechenwege

1 Wie rechnen die Kinder? Erklärt und rechnet.

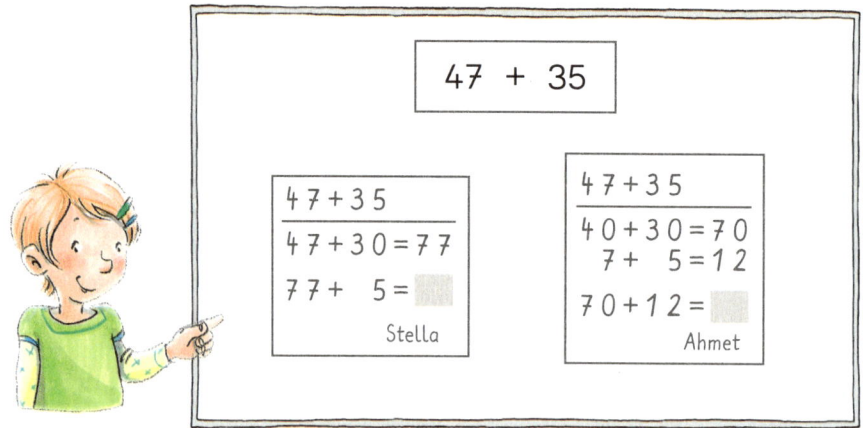

47 + 35

Stella:
47 + 35
47 + 30 = 77
77 + 5 = ☐

Ahmet:
47 + 35
40 + 30 = 70
7 + 5 = 12
70 + 12 = ☐

2 Rechne auf deinem Weg.

a) 37 + 16   b) 56 + 38   c) 25 + 36   d) 65 + 27   e) 27 + 35

   53 61 62 92 94

3
a) 26 + 5   b) 18 + 17   c) 25 + 18   d) 37 + 16   e) 39 + 19
   26 + 15   18 + 27   25 + 28   37 + 26   39 + 39
   26 + 25   18 + 37   25 + 48   37 + 56   39 + 49

31 35 41 43 45 51 53 53 55 58 63 73 78 88 93

4
a) 27 + 16   b) 16 + 48   c) 35 + 26   d) 56 + 38   e) 43 + 29
   28 + 26   17 + 58   36 + 36   45 + 47   38 + 48
   29 + 46   18 + 78   37 + 46   39 + 58   49 + 37

43 54 61 64 72 72 75 75 83 86 86 92 94 96 97

5 a) Jana beschreibt ihr Päckchen. Setze fort und rechne.

„Der erste Summand bleibt gleich.
Der zweite Summand wird immer um 2 größer.
Deshalb wird die Summe immer um ..."

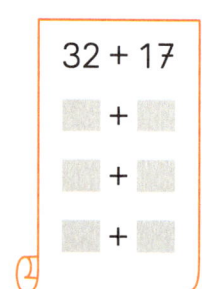

32 + 17
☐ + ☐
☐ + ☐
☐ + ☐

b) Erfinde ein eigenes Päckchen zu Janas Beschreibung.

Rechenstrategie – Nah an der Zehnerzahl

1 Wie rechnen die Kinder? Erklärt und rechnet.

Ich rechne erst plus 20. Dann ...

```
36 + 19            35 + 28
36 + 20 = 56       35 + 30 =
56 −  1 =             −   =
```

Ich rechne ...

2
a) 37 + 19
54 + 19
46 + 19
25 + 19

b) 54 + 38
37 + 38
26 + 38
43 + 38

c) 56 + 29
37 + 29
24 + 49
25 + 59

44 56 64 65 66 73 73 75 81 84 85 92

Rechenstrategie
Nah an der Zehnerzahl

37 + 19

37 + 20 = 57
57 − 1 = 56   −1

Erst plus 20, dann minus 1.

3   die Rechenkonferenz

```
23 + 18
23 + 20 = 43
43 +  2 = 45  Nele
```

Hat Nele richtig gerechnet? Überprüft und erklärt.

4 Findet die Fehler der Kinder. Erklärt und rechnet richtig.

a)
```
25 + 37
20 + 30 = 50
50 +  7 = 57  Marius
```

b)
```
58 + 23
58 + 30 = 88
88 +  2 = 90  Ben
```

c)
```
46 + 17
46 + 20 = 66
66 +  3 = 69  Franzi
```

d)
```
69 + 24
70 + 24 = 94
94 +  1 = 95  Melek
```

5 Beschreibt den Rechenweg. Rechnet.

12 + 35 + 18

```
12 + 35 + 18
12 + 18 = 30
30 + 35 =
```

Ich rechne zuerst 12+18. Das ist 30. Dann rechne ich ...

6 Rechne geschickt.

a) 11 + 24 + 19
11 + 37 + 19
19 + 21 + 11

b) 24 + 11 + 26
24 + 14 + 26
26 + 3 + 24

c) 13 + 24 + 17
17 + 37 + 13
17 + 33 + 13

d) 24 + 13 + 16
15 + 18 + 25
52 + 11 + 18

51 53 53 54 54 58 61 63 64 67 67 81

Wortspeicher nutzen.
2 Individuelle Rechenwege zulassen.

Subtrahieren – Rechenwege

1 Wie rechnen die Kinder? Erklärt und rechnet.

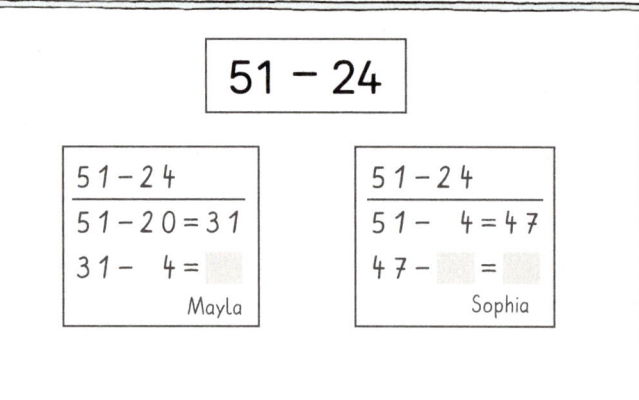

```
51 – 24
51 – 20 = 31
31 –  4 = ▢
        Mayla
```

```
51 – 24
51 –  4 = 47
47 – ▢ = ▢
        Sophia
```

2 Rechne auf deinem Weg.

a) 61 – 16   b) 74 – 47   c) 84 – 45   d) 95 – 46   e) 83 – 38

27   39   45   45   49

3
a) 34 – 6   b) 40 – 8   c) 52 – 5   🐝 d) 96 – 17   🐝 e) 84 – 15
   34 – 16   40 – 28   52 – 25   96 – 27   84 – 35
   34 – 26   40 – 38   52 – 45   96 – 57   84 – 55

2   7   8   12   18   27   28   29   32   39   47   49   69   69   79

4
a) 64 – 27   b) 55 – 9   c) 82 – 3   🐬 d) 53 – 37   🐬 e) 43 – 38
   65 – 27   50 – 19   81 – 13   86 – 68   64 – 47
   60 – 27   57 – 29   80 – 33   75 – 39   73 – 26

5   16   17   18   28   31   33   36   37   38   46   47   47   68   79

5 a) Philipp beschreibt sein Päckchen. Setze fort und rechne.

„Der Minuend wird immer um 10 kleiner.
Der Subtrahend wird immer um 2 größer.
Deshalb wird die Differenz immer um …"

```
90 – 34
   –
   –
   –
```

b) Erfinde ein eigenes Päckchen zu Philipps Beschreibung.

Rechenstrategie – Nah an der Zehnerzahl

1 Wie rechnen die Kinder? Erklärt und rechnet.

Ich rechne erst minus 20. Dann …

52 – 19
52 – 20 =
___ + ___ = ___

52 – 28
52 – 30 =
___ + ___ = ___

Ich rechne …

2
a) 31 – 19
35 – 19
42 – 19
24 – 19

b) 72 – 48
75 – 48
63 – 48
91 – 48

c) 43 – 39
51 – 29
83 – 69
66 – 49

4 5 12 14 15 16 17 22 23 24 27 43

Rechenstrategie
Nah an der Zehnerzahl

52 – 19

52 – 20 = 32
32 + 1 = 33   +1

Erst minus 20, dann plus 1.

3 die Rechenkonferenz

51 – 28
50 – 20 = 30
8 – 1 = 7
30 + 7 = 37   Tim

Hat Tim richtig gerechnet? Überprüft und erklärt.

4 Findet die Fehler der Kinder. Erklärt und rechnet richtig.

a) 42 – 26
42 – 20 = 22
22 + 6 = 28   Iva

b) 93 – 34
93 – 40 = 53
53 – 3 = 50   Lara

c) 62 – 49
62 – 50 = 12
12 – 1 = 11   Mona

d) 55 – 27
55 – 20 = 35
55 – 7 = 48   Alex

5 Beschreibt den Rechenweg. Rechnet.

54 – 16 – 24

54 – 16 – 24
54 – 24 = 30
30 – 16 =

Ich rechne zuerst 54 – 24. Das ist 30. Dann rechne ich …

6 Rechne geschickt.
a) 62 – 28 – 12
46 – 15 – 26
97 – 4 – 77

b) 55 – 5 – 37
83 – 19 – 23
99 – 62 – 9

c) 41 – 6 – 31
37 – 17 – 12
74 – 38 – 24

d) 25 – 7 – 15
68 – 9 – 58
92 – 22 – 53

1 3 4 5 8 12 13 16 17 22 28 41

Wortspeicher nutzen.
2 Individuelle Rechenwege zulassen.

Addieren und Subtrahieren – Übungen

1
a) 62 + 28   b) 25 + 16   c) 58 + 33   d) 75 − 25   e) 55 − 38
   62 − 28   25 − 16   58 − 33   75 + 25   55 + 38

   74 + 21   34 + 17   65 + 26   37 − 27   42 − 37
   74 − 21   34 − 17   65 − 26   37 + 27   42 + 37

 5 9 10 17 17 25 34 39 41 50 51 53 64 79 90 91 91 93 95 100

2 Übertrage die Rechentafeln in dein Heft und rechne.

a)
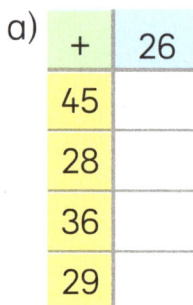

+	26
45	
28	
36	
29	

b)
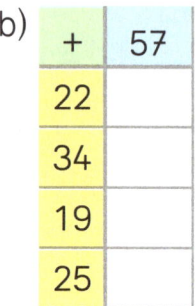

+	57
22	
34	
19	
25	

Ich rechne 45 + 26 = 71

3 Kann das stimmen? Begründet.

a) Das Doppelte von 37 ist größer als 40.

b) 28 ist die Hälfte von 82.

c) 75 ist größer als das Doppelte von 35.

d) Die Hälfte von 36 ist um 12 kleiner als 30.

4
a) 100 − 24   b) 100 − 37   c) 100 − 33   d) 100 − 34   e) 100 − 92
   100 − 32   100 − 52   100 − 77   100 − 88   100 − 99
   100 − 45   100 − 78   100 − 66   100 − 41   100 − 94

5 Bilde passende Aufgaben mit dem gleichen Ergebnis. Wähle von jeder Farbe eine Karte.

a) 35 28 0
   29 25 14 60
   18 6 25

b) 27 5 15
   36 17 10 55
   28 13 14

c) 36 10 20
   24 30 38 72
   17 16 25

3 Eine falsche Aussage.

Gleichungen und Ungleichungen

1 Probiert aus, welche Zahlen passen. Was fällt euch auf?

26 + ☐ = 30   26 + ☐ < 40

(eine Gleichung) 0 1 2 3 4 5 (eine Ungleichung)

 die Rechenkonferenz

2 Für ☐ setzen wir nun beliebige Buchstaben ein.

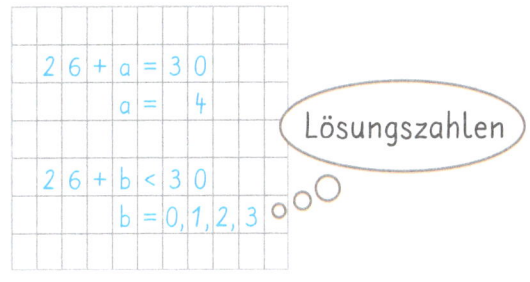

26 + a = 3 0
a = 4
Lösungszahlen
26 + b < 3 0
b = 0,1,2,3

Variablen sind Buchstaben in Aufgaben, für die verschiedene Zahlen eingesetzt werden können.

26 + **a** = 30   26 + **m** < 30
a = 4   **m** = 0, 1, 2, 3

Schreibe nur passende Zahlen auf.

a) 48 + m = 50   c) 63 + l = 70
b) 48 + m < 50   d) 63 + l < 70

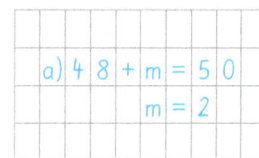
a) 4 8 + m = 5 0
m = 2

3 a) 25 + m = 32   c) 47 + k = 53   e) 68 + s = 75   g) 56 + n = 61
b) 25 + m < 32   d) 47 + k < 53   f) 68 + s < 75   h) 56 + n < 61

4 Probiert aus, welche Zahlen passen. Was fällt euch auf?

42 − ☐ = 37   42 − ☐ > 37

0 1 2 3 4 5

5 a) 32 − t = 27   c) 45 − a = 39   e) 73 − m = 67   g) 43 − b = 38
b) 32 − t > 27   d) 45 − a > 39   f) 73 − m > 67   h) 43 − b > 38

6 a)  1 2 3 4 5 ● 5   b)  10 9 7 6 0 8 ● 5

Wortspeicher nutzen 1 In der Rechenkonferenz Lösungsvorschläge diskutieren.
Lösen mithilfe von Zahlenschildern. Entdecken, dass Ungleichungen mehrere Lösungen haben können.
4 Entdecken, dass es bei < unendlich viele und bei > endlich viele Lösungen gibt.

Geometrische Formen – Zeichnen

1 Zeichne die Formen freihand in dein Heft. Schreibe die Namen dazu.

2 Vergleicht die Bilder. Wie sind sie entstanden?

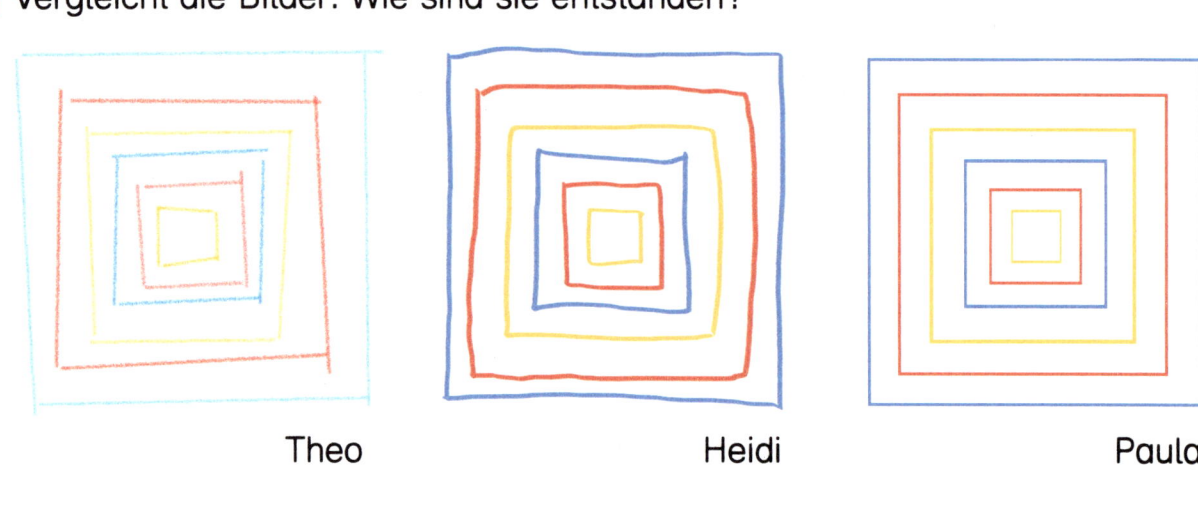

Theo   Heidi   Paula

3 Zeichne eigene Bilder mit geometrischen Formen.

4 Zeichne die Muster mit Lineal in dein Heft.

TIPP: Zähle die Kästchen ab.

Senkrecht – Rechter Winkel

1 Faltet ein Papier wie Emma. Zeichnet die Faltlinien farbig nach. Vergleicht eure Faltwinkel. Was stellt ihr fest?

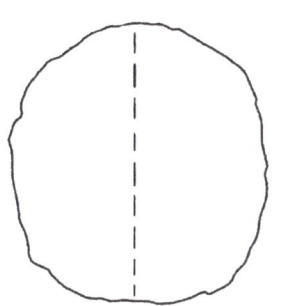 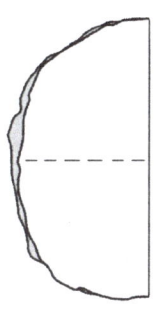  

Das sind Faltlinien.

2 a) Sucht und prüft im Klassenraum rechte Winkel.

b) Warum haben viele Gegenstände rechte Winkel? Begründet.

Ein **rechter Winkel** entsteht, wenn zwei Geraden **senkrecht zueinander** sind.

Gerade a **ist senkrecht zu** Gerade b.

3 Welche Geraden stehen senkrecht zueinander? Prüft mit dem Geodreieck. Beschreibt.

a)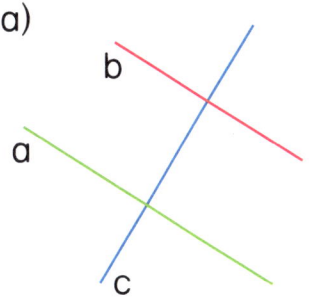

b)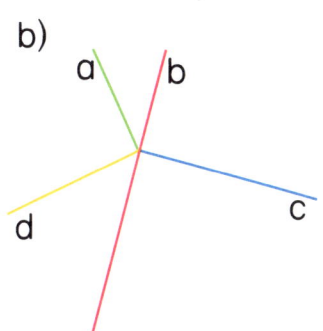

4 Zeichne mit dem Geodreieck zueinander senkrechte Geraden.

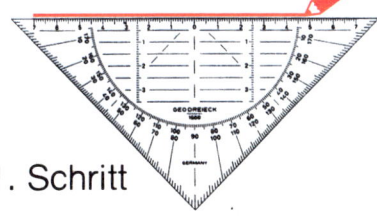

1. Schritt

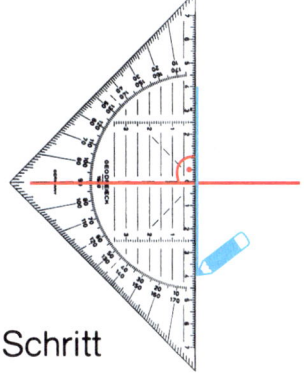

2. Schritt

Erklärvideo und Wortspeicher nutzen.

Parallel – Parallele Geraden

1 Faltet ein Papier wie Nick. Zeichnet die Faltlinien farbig nach. Was stellt ihr fest?

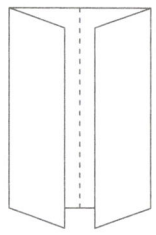 

Faltet genau.

2 a) Die Eisenbahnschienen sind parallel zueinander. Warum muss das so sein?

b) Sucht in eurer Umgebung zueinander parallele Linien.

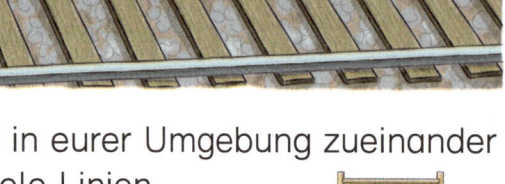

> Zwei Geraden sind **parallel zueinander,** wenn sie überall den **gleichen Abstand** haben.
>
> a
> b
>
> Gerade a **ist parallel zu** Gerade b.

3 Welche Geraden sind parallel zueinander? Prüft mit dem Geodreieck. Beschreibt.

a)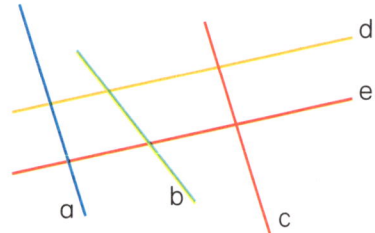

b)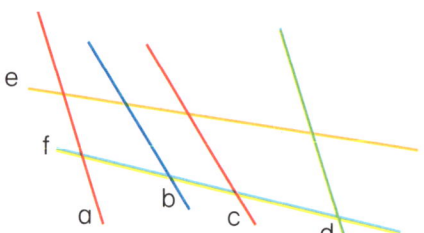

4 a) Zeichne mit dem Geodreieck zueinander parallele Geraden.

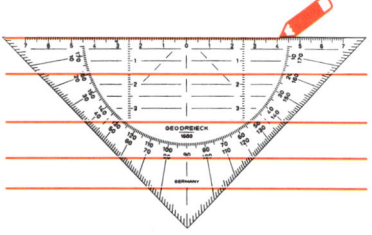

b) Zeichne zueinander parallele Geraden mit dem Abstand 1 cm.

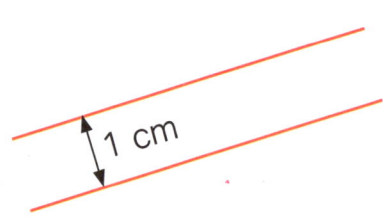

Erklärvideo und Wortspeicher nutzen.

Geometrische Formen – Untersuchen und zeichnen

1 Parallel oder nicht?
Überprüft mit dem Geodreieck die roten Linien.

Das sind optische Täuschungen.

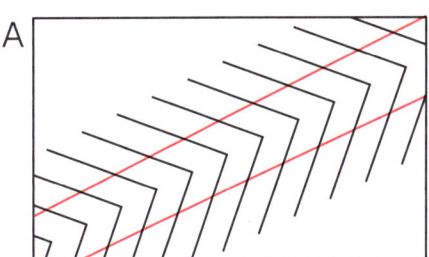
A

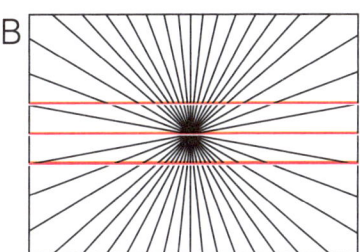
B

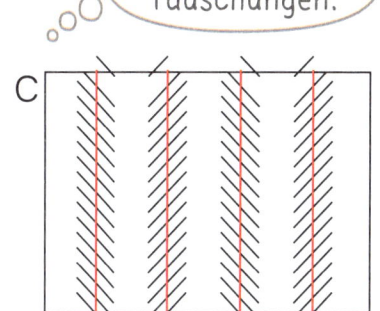
C

2 Welche Vierecke haben rechte Winkel und parallele Linien?
Prüfe mit dem Geodreieck.

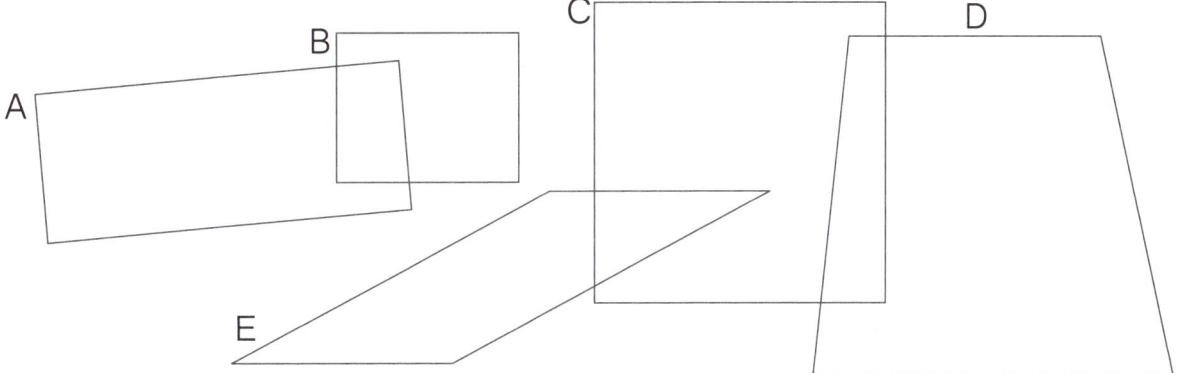

3 Zeichne Rechtecke.

1. Zeichne zwei parallele Geraden.
2. Zeichne eine senkrechte Gerade.
3. Zeichne eine weitere senkrechte Gerade.

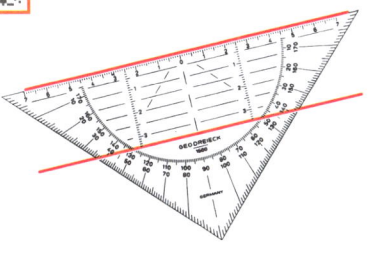
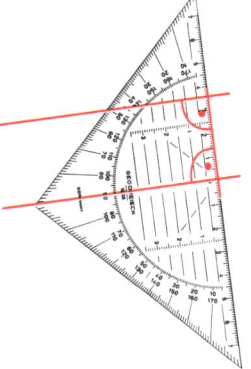

4 Falte so, dass die Muster entstehen.
Färbe parallele Linien in der gleichen Farbe. Finde rechte Winkel.

a) 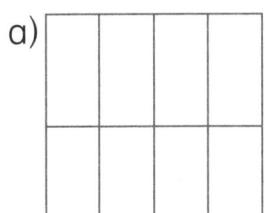   b) 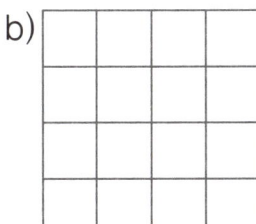   c) 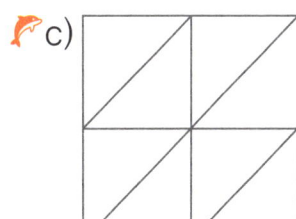   d)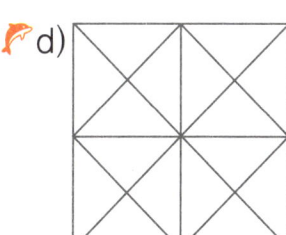

Erklärvideo nutzen.
1 Weitere optische Täuschungen auch fächerübergreifend untersuchen und prüfen.
4 Quadratisches Papier verwenden.

Formen auf dem Geobrett

1 a) Spannt die Formen und Figuren nach.

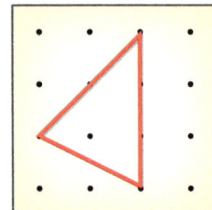 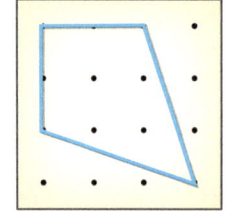 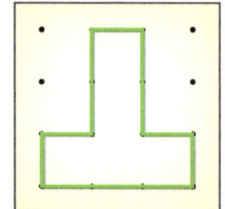 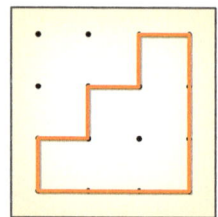

b) Spannt eigene Figuren. Lasst sie von einem Partnerkind nachspannen.

2 Spannt auf dem Geobrett.

a) Dreiecke mit **einem** rechten Winkel

b) Dreiecke **ohne** rechten Winkel

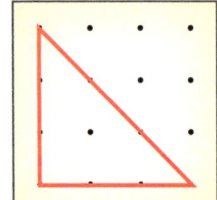 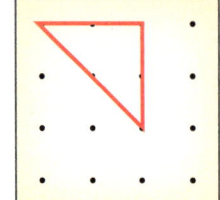 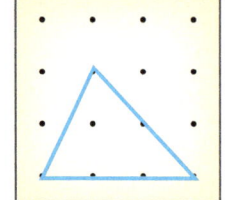 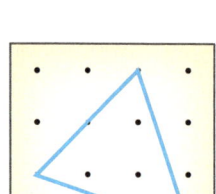

3 Spannt auf dem Geobrett.

a) Vierecke mit **vier** rechten Winkel

b) Vierecke mit **zwei** rechten Winkel

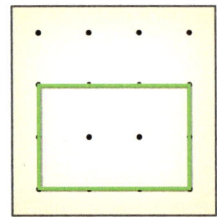 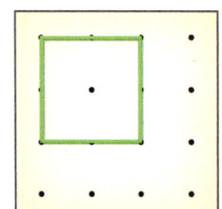 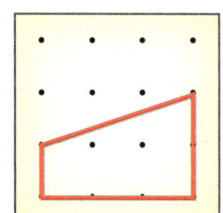 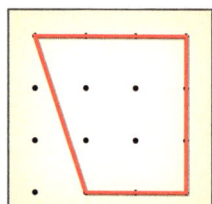

🐬 c) Vierecke mit **einem** rechten Winkel.
🐬 d) Vierecke **ohne** rechten Winkel.

4 Spannt um die Nägel. Zeichnet. Welche Form entsteht?

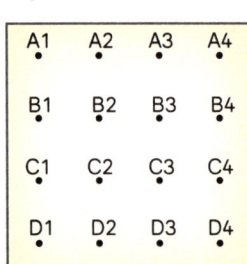

a) A1, A4, D4, D1   b) B2, B4, D4, D2
c) D1, A4, D4   d) A3, B4, D2, C1
e) B1, C4, D2   f) A1, A4, D3, D2
g) D1, D3, A4, B1   h) C1, D4, A1

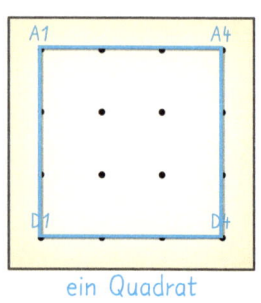

a)

ein Quadrat

Spiegelbilder am Geobrett

1 Beschreibt das Spiegelbild.

Spiegelachse

Ein **Spiegelbild** entsteht durch Spiegeln an einer Achse.
Bild und Spiegelbild sind **achsensymmetrisch**.

2 Spannt die Figur und das Spiegelbild. Worauf müsst ihr achten?

a) 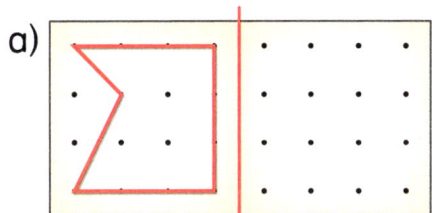   b)

3 Prüft ob es Spiegelbilder sind? Begründet. Spannt und zeichnet richtig.

A 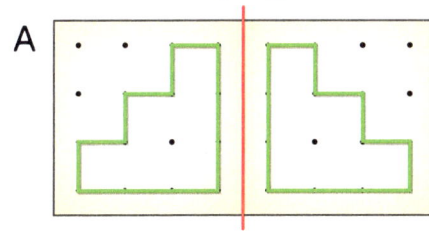   B

C 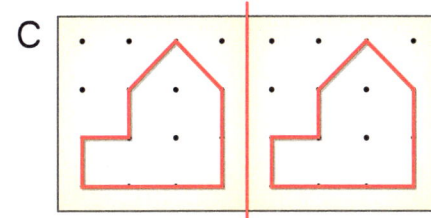   D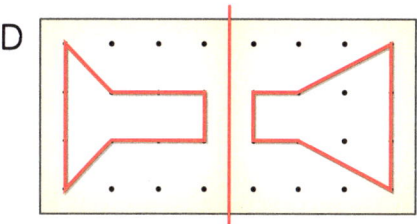

4 Prüft ob es Spiegelbilder sind? Begründet. Spannt und zeichnet richtig.

A 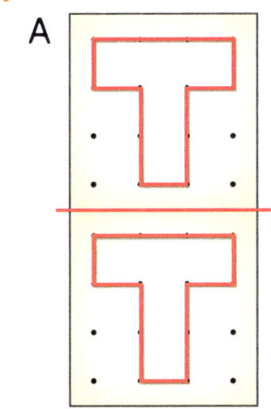 B 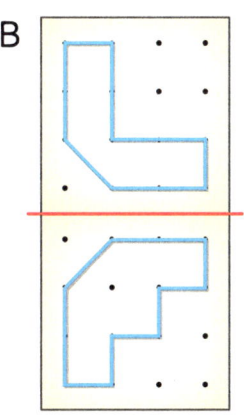 C 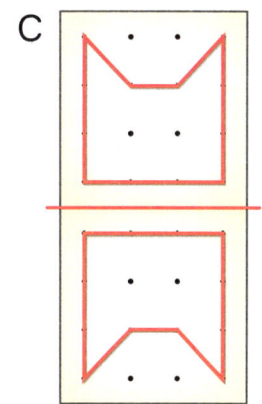 D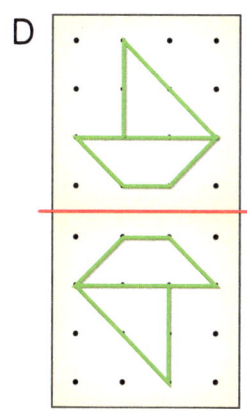

Wortspeicher nutzen.
Evtl. Kopiervorlagen 139 und 140 nutzen.
Freihand oder mit Lineal zeichnen.

Der Zirkel – Kreise zeichnen

  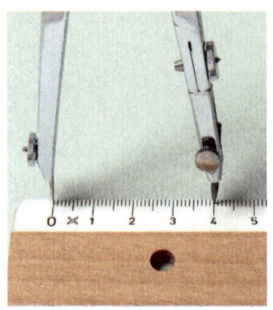 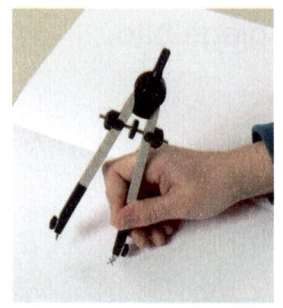 

1. Zeichne den Mittelpunkt.
2. Stelle den Radius mithilfe eines Lineals ein.
3. Stich im Mittelpunkt ein.
4. Fasse den Zirkel oben an und drehe ihn mit leichtem Druck.

1 Zeichne Kreise mit dem **Radius**.
a) 5 cm   b) 2 cm   c) 4 cm   d) 8 cm

2 Zeichne Kreise mit dem **Durchmesser**.
a) 10 cm   b) 8 cm   c) 14 cm   d) 15 cm

> der **Kreis**
> der **Mittelpunkt (M)**
> der **Radius (r)**
> der **Durchmesser (d)**

3 Zeichne das Kreismuster ab.

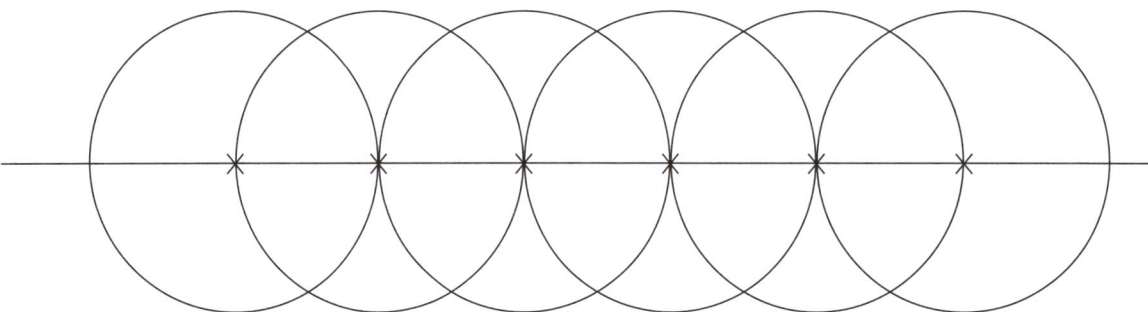

4 Zeichne die Kreismuster ab. Erfinde eigene.

A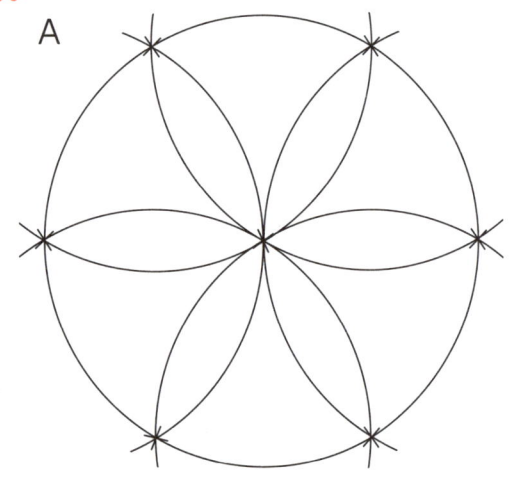

B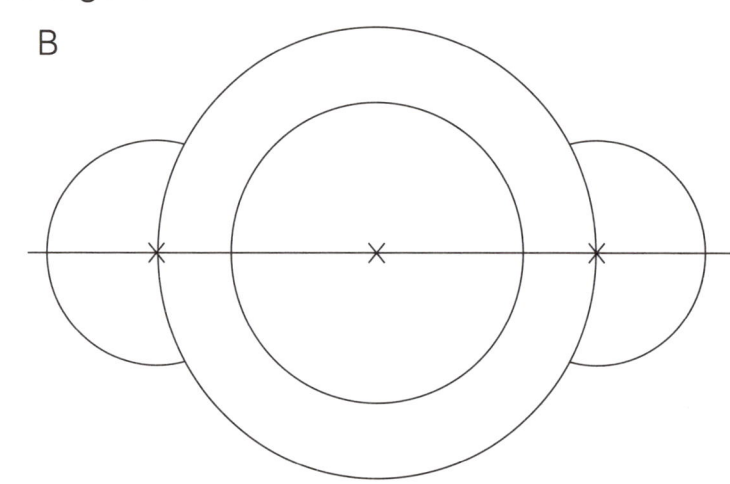

Erklärvideo und Wortspeicher nutzen.
Diff.: Mit anderen Hilfsmitteln Kreise zeichnen.
Beim Zeichnen mit dem Zirkel immer eine feste Unterlage nutzen.

Wiederholung

1
a) 30 + 14   b) 37 + 5   c) 20 + 27   d) 36 + 63
   32 + 14   47 + 5   19 + 26   66 + 15
   34 + 14   57 + 15   18 + 25   25 + 28

2
a) 58 − 6   b) 39 − 14   c) 60 − 8   d) 43 − 7
   58 − 26   38 − 15   60 − 18   43 − 27
   78 − 27   37 − 16   80 − 19   43 − 29

3 Setze ein. < = >

a) 26 + 4 ◯ 30   b) 46 − 6 ◯ 38   c) 53 ◯ 30 + 4   d) 29 ◯ 33 − 3
   26 + 5 ◯ 30   45 − 7 ◯ 38   26 ◯ 30 + 5   58 ◯ 71 − 8
   26 + 0 ◯ 30   45 − 5 ◯ 38   26 ◯ 30 + 0   86 ◯ 93 − 7

4 Kombiniere: Von jeder Farbe eine Karte.

a)
5 10
6 6
4 2

◯ · ◯ < 30
◯ · ◯ = 30
◯ · ◯ > 30

b)
10 10
30 5
20 2

◯ : ◯ < 4
◯ : ◯ = 4
◯ : ◯ > 4

5 Setze ein. < = >

a) 5 · 4 ◯ 5 + 4   b) 3 · 3 ◯ 12 − 3   c) 5 · 9 ◯ 58 + 1   d) 35 : 5 ◯ 15 − 8
   7 · 1 ◯ 7 + 1   7 · 7 ◯ 50 − 9   4 · 4 ◯ 12 + 4   25 : 5 ◯ 35 − 15
   8 · 8 ◯ 8 + 8   6 · 6 ◯ 36 − 0   0 · 5 ◯ 5 + 0   81 : 9 ◯ 30 − 21
   2 · 2 ◯ 2 + 2   4 · 4 ◯ 20 − 4   7 · 8 ◯ 52 + 3   24 : 8 ◯ 80 − 76

6 Miss die einzelnen Teilstrecken und rechne.

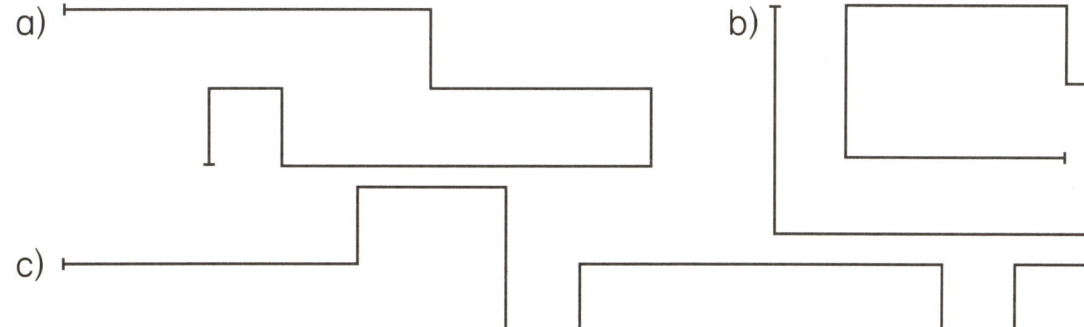

4 Verschiedene Lösungen möglich.

Sachrechnen – Rechengeschichten untersuchen

1 a) Findet jeweils eine passende Frage.
Welches Rechenzeichen passt jeweils? + – · : Begründet.

A Anne hat 32 Murmeln.
Beim Murmelspiel verliert
sie 19 Murmeln.

B Esra ist 9 Jahre alt.
Ihre Mutter ist 27 Jahre älter.

C Boris verteilt 24 Spielkarten
an drei Kinder.

D Der Vater kauft 4 Karten
für das Puppentheater.
Jede kostet 10 €.

b) Schreibt jeweils die Frage auf.
Rechnet und antwortet.

b) A Frage:
Rechnung:
Antwort:

2 Die Kinder haben zu der Aufgabe Rechengeschichten erfunden.

a) Welche Rechengeschichte passt nicht? Begründet.

4 · 8 =

A Beim Einkaufen legt die Mutter
vier Achterpackungen Joghurt
in den Einkaufswagen.

B Lea ist 8 Jahre alt.
Ihr Vater ist viermal
so alt.

C Der Opa backt
zum Geburtstag
vier Kuchen.
Aus jedem
Kuchen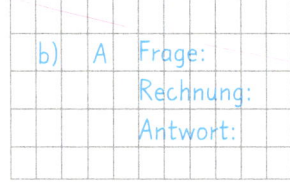
schneidet er
acht Stücke.

D Elias war
viermal im Kino und
achtmal im Hallenbad.

E 4 Kinder kaufen
zusammen ein Geschenk.
Jedes Kind gibt 8 €.

b) Löst die passenden Rechengeschichten. Schreibt jeweils die Frage auf.
Rechnet und antwortet.

Sachrechnen – Rechengeschichten untersuchen und erfinden

1 Erfindet zu jeder Aufgabe zwei verschiedene Rechengeschichten.

a) 3 · 5   b) 24 – 6   c) 20 + 8   d) 10 : 2

2 Die Rechengeschichten sind unvollständig.

a) Schreibt die Rechengeschichten ab. Ergänzt die Lücken sinnvoll im Heft.

A Lena ist 9 Jahre alt. Ihre Schwester ist ___ Jahre jünger. Wie alt ist die ___?

B Jeder der sieben Zwerge hat ___ Mützen. Wie viele ___ sind im Schrank?

C In der Klasse 2a haben 10 Kinder einen Hund. In der Klasse 2b haben ___ Kinder einen Hund. Wie viele Kinder haben einen ___?

b) Löst die Rechengeschichten. Rechnet und antwortet.

c) Erfindet eine eigene Rechengeschichte mit Lücken. Gebt sie zum Lösen weiter.

3 a) Welche Rechengeschichten könnt ihr nicht lösen? Begründet.

die Rechenkonferenz

A Ein Haus hat vier Stockwerke. In jedem Stock sind gleich viele Fenster. Wie viele Fenster hat das Haus?

B Emma kauft einen Helm für 29 € und einen Rückstrahler für 5 €. Wie viel muss sie bezahlen?

C Max hat zwölf Murmeln mehr als Laura. Laura hat 20 Murmeln. Wie viele hat Max?

D Felix hat vier Kaninchen und zwei Meerschweinchen. Wie alt ist Felix?

b) Verändert die nicht lösbaren Aufgaben so, dass ihr sie lösen könnt. Schreibt auf.

4 Erfindet eine eigene Rechengeschichte. Gebt sie zum Lösen weiter.

Schreibt mit der Klasse eigene Rechengeschichten.

Rechengeschichten schreiben, aufnehmen, filmen oder fotografieren.

Sachrechnen

1 a) b) c)

2 Auf dem Verkaufstisch lagen 76 Bücher. Es wurden schon 37 Bücher verkauft. Wie viele Bücher liegen noch auf dem Verkaufstisch? Rechne und antworte.

3 Welche Bücher können die Klassen bestellen?

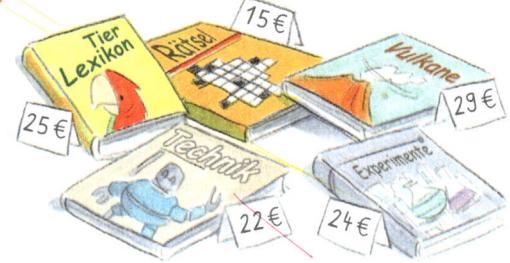

a) Die Klasse 2a hat 70 €.
b) Die Klasse 2b darf für 60 € aussuchen.
c) Die Klasse 2c hat vom letzten Jahr noch 41 € und erhält weitere 45 €.
d) Die dritten Klassen dürfen für 90 € aussuchen.

4 Welche Rechengeschichte passt?

a) 50 € − 28 € = ☐ €

A Till hat 28 € gespart. Sein Opa schenkt ihm 50 €.

B Das Trikot kostet 28 €, die Sportschuhe das Doppelte.

C Till hat 50 € gespart. Er kauft ein Spiel für 28 €.

b) 3 · 5 € = ☐ €

A Simon hat 5 €. Er gibt davon 3 € aus.

B Der Ball kostet im Angebot 5 €. Jan kauft drei.

C Lisa muss für 3 Bälle insgesamt 5 € bezahlen.

c) 100 € : 4 = ☐ €

A Die Familie Klaus hat 100 € gewonnen. Den Gewinn teilen sich die vier Kinder.

B Jonas bezahlt mit einem 100-€-Schein. Er bekommt 4 € zurück.

C Jeder der vier Freunde hat 100 € gewonnen.

5 a) 3 · 5   b) 3 · 3   c) 5 · 9   d) 35 : 5
      7 · 1   7 · 7   4 · 4   25 : 5

Daten und Häufigkeiten – Tabellen

1 In der Südschule haben die Kinder der zweiten Klassen Bücher ausgeliehen.

Klasse	Lexikon	Tier-geschichten	Comics	Krimis
2a	III	IIII	IIII II	II
2b	IIII	III	IIII I	II
2c	II	IIII	IIII III	IIII

a) Wie viele Bücher haben die Kinder der 2b ausgeliehen?
b) In welcher Klasse wurden 8 Comics ausgeliehen?
c) Wie viele Tiergeschichten und Krimis haben die Kinder der 2c ausgeliehen?
d) Findet weitere Fragen. Rechnet und antwortet.

2 Bücherbestellung – Martinschule

	a	b	Summe
1. Klassenstufe	24	25	
2. Klassenstufe	21	23	
3. Klassenstufe	26	25	
4. Klassenstufe	24	22	

a) Wie viele Arbeitshefte müssen für jedes Klassenstufe bestellt werden?
b) Wie viele Arbeitshefte werden insgesamt bestellt?

3 Bücherbestellung – Parkschule

a) Zeichne eine Tabelle und ordne die Daten ein.
b) Wie viele Kinder sind in jeder Klassenstufe? Bilde die Summen.

1a	28 Kinder	3a	26 Kinder
1b	24 Kinder	3b	25 Kinder
2a	27 Kinder	4a	25 Kinder
2b	28 Kinder	4b	29 Kinder

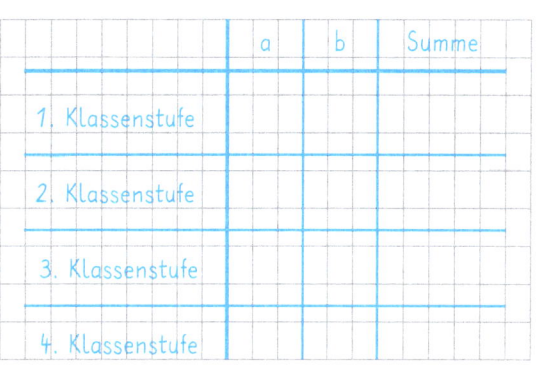

4 a) 8 · 8   b) 6 · 6   c) 0 · 5   d) 81 : 9
    2 · 2   4 · 4   7 · 8   24 : 8

Daten und Häufigkeiten – Tabellen und Diagramme

1 Diese Haustiere haben Max, Emma und Lilly.

	Hund	Vogel	Katze	kein Tier
Max			✕	
Emma	✕		✕	
Lilly				✕

a) Welches Haustier hat Max?
b) Welches Kind hat kein Tier?
c) Welches Tier wurde zweimal genannt?
d) Welche Haustiere hat Emma?

a) Max hat

2 Diese Haustiere haben die Kinder der Klassen 2a und 2b.

	Hund	Katze	Kaninchen	kein Tier
2a	5	7	5	7
2b	3	6	4	8

a) Wie viele Kinder der Klassen 2a und 2b nannten eine Katze?
b) Welches Haustier haben die meisten Kinder in der Klasse 2a?
c) Welches Haustier wurde von acht Kindern genannt?
d) Wie viele Kinder der Klasse 2b haben kein Haustier?
e) Wie viele Tiere besitzen die Kinder der Klasse 2a insgesamt?
f) Stellt euch gegenseitig Fragen zu der Tabelle und beantwortet sie.

3 Diese Haustiere haben die Kinder der 3. Klassen.

	Hund	Vogel	Katze	Kaninchen	anderes Tier	kein Tier
3a	3	0	4	5	6	5
3b	2	1	5	4	5	7
3c	5	6	0	7	2	4

a) Wie viele Kinder der Klassen 3a, 3b und 3c haben eine Katze?
b) In welcher Klasse haben die meisten Kinder ein Kaninchen?
c) Welches Haustier wurde am häufigsten genannt?
d) Wie viele Kinder der Klasse 3b haben kein Tier?
e) Wie viele Kinder der Klasse 3c haben einen Hund oder eine Katze?

4 Die Kinder der Klasse 2a nannten ihr Lieblingshaustier.

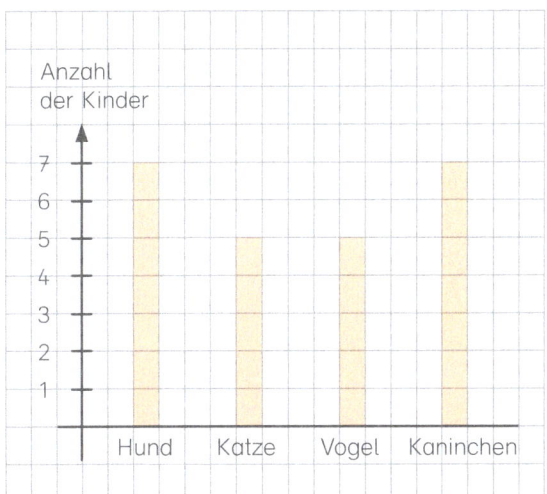
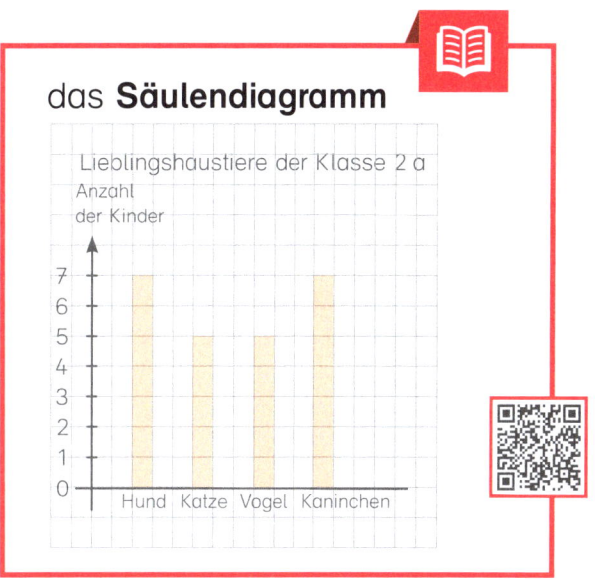

das **Säulendiagramm**

a) Wie viele Kinder nannten einen Hund?
b) Welche Haustiere wurden von 5 Kindern genannt?
c) Welches Haustier wurde genauso oft wie das Kaninchen genannt?

5 Die Kinder der Klasse 2b nannten ihr Lieblingshaustier.
Übertrage die Ergebnisse vom Säulendiagramm in eine Tabelle.

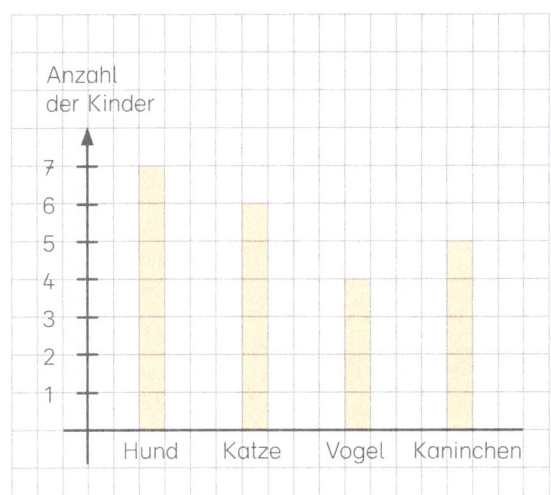

	Hund	Katze	Vogel	Kaninchen
2b	7			

6 Die Kinder der Klasse 2c nannten ihr Lieblingshaustier. Zeichne zur Tabelle ein Säulendiagramm.

	Hund	Katze	Vogel	Kaninchen
2c	5	6	4	6

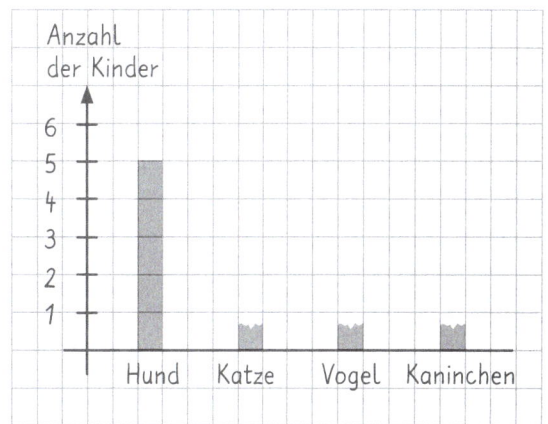

Zeit – Volle Stunden

1

morgens: ▢ Uhr   abends: ▢ Uhr

Ein **Tag** hat **24 Stunden**.

der Minutenzeiger

der Stundenzeiger

2 Wie spät ist es? Ordne jeweils beide Uhrzeiten zu.

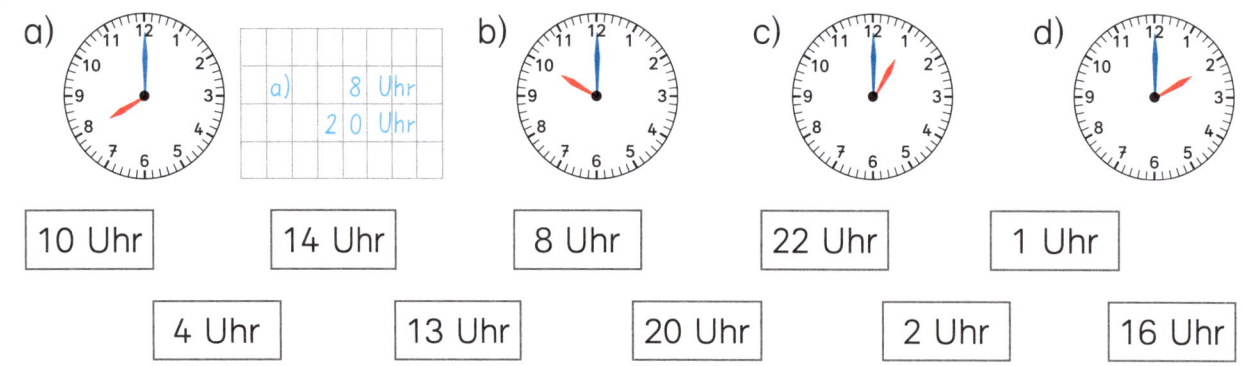

a) 8 Uhr
   20 Uhr

| 10 Uhr | 14 Uhr | 8 Uhr | 22 Uhr | 1 Uhr |

| 4 Uhr | 13 Uhr | 20 Uhr | 2 Uhr | 16 Uhr |

3 Wie spät ist es? Notiere jeweils beide Uhrzeiten.

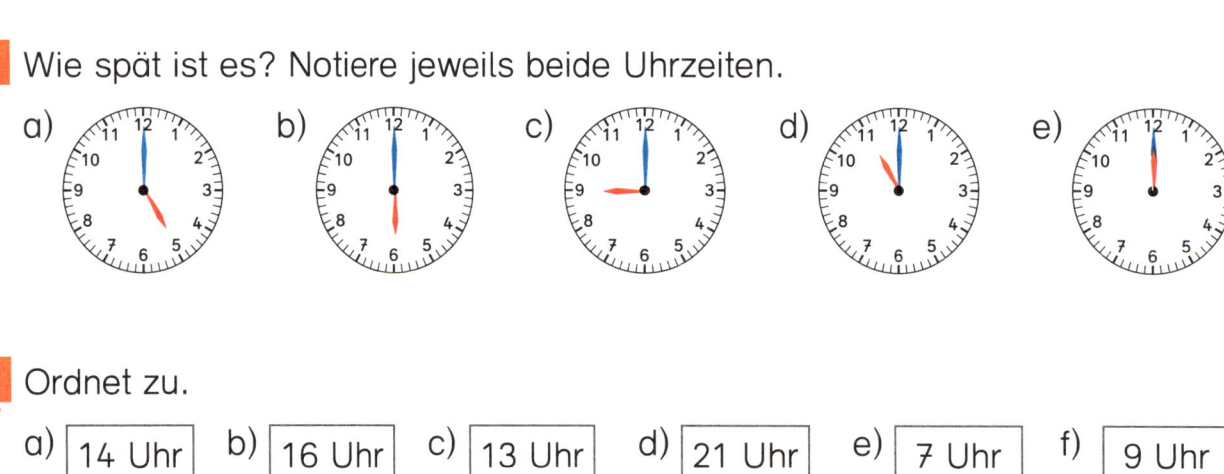

4 Ordnet zu.

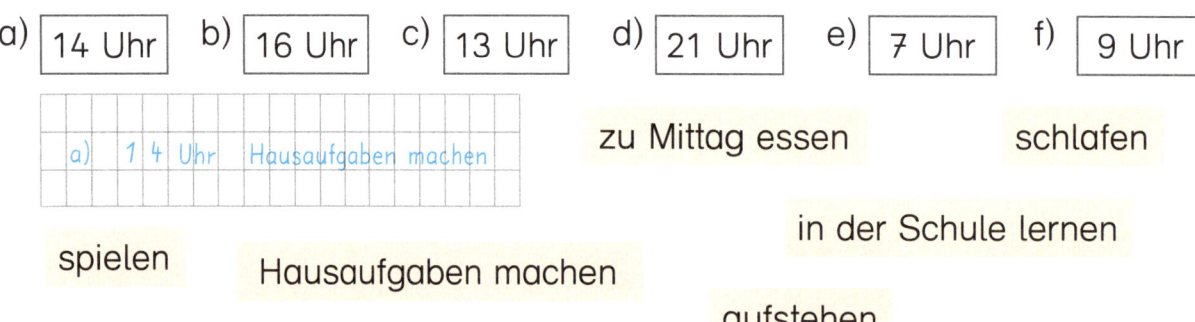

a) 14 Uhr   b) 16 Uhr   c) 13 Uhr   d) 21 Uhr   e) 7 Uhr   f) 9 Uhr

a) 14 Uhr Hausaufgaben machen

zu Mittag essen   schlafen

in der Schule lernen

spielen   Hausaufgaben machen

aufstehen

Zeit – Stunden und Minuten

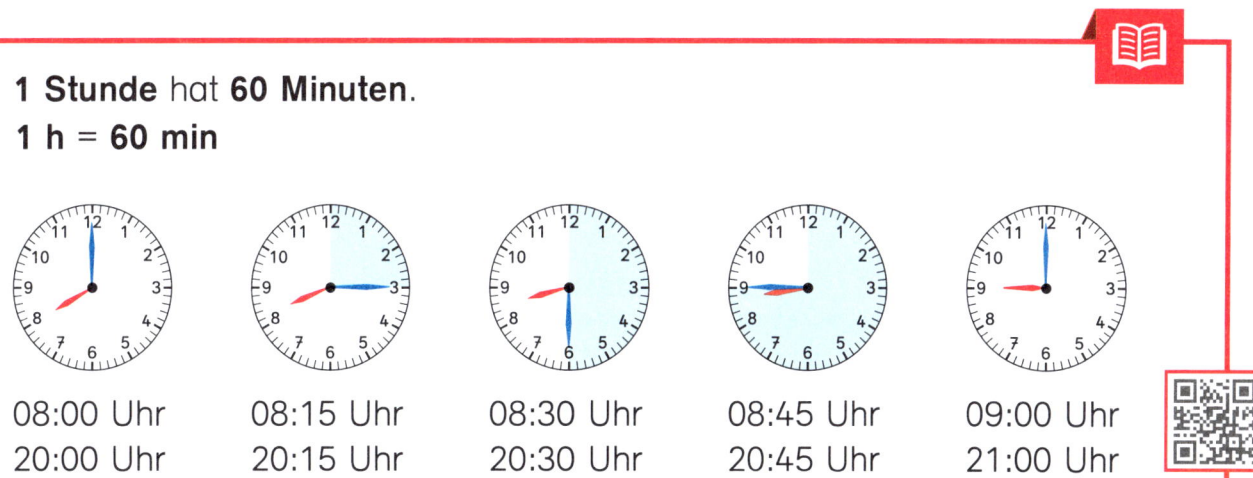

1 **Stunde** hat **60 Minuten**.
1 h = 60 min

08:00 Uhr　08:15 Uhr　08:30 Uhr　08:45 Uhr　09:00 Uhr
20:00 Uhr　20:15 Uhr　20:30 Uhr　20:45 Uhr　21:00 Uhr

1 Wie spät ist es genau? Notiere jeweils beide Uhrzeiten.

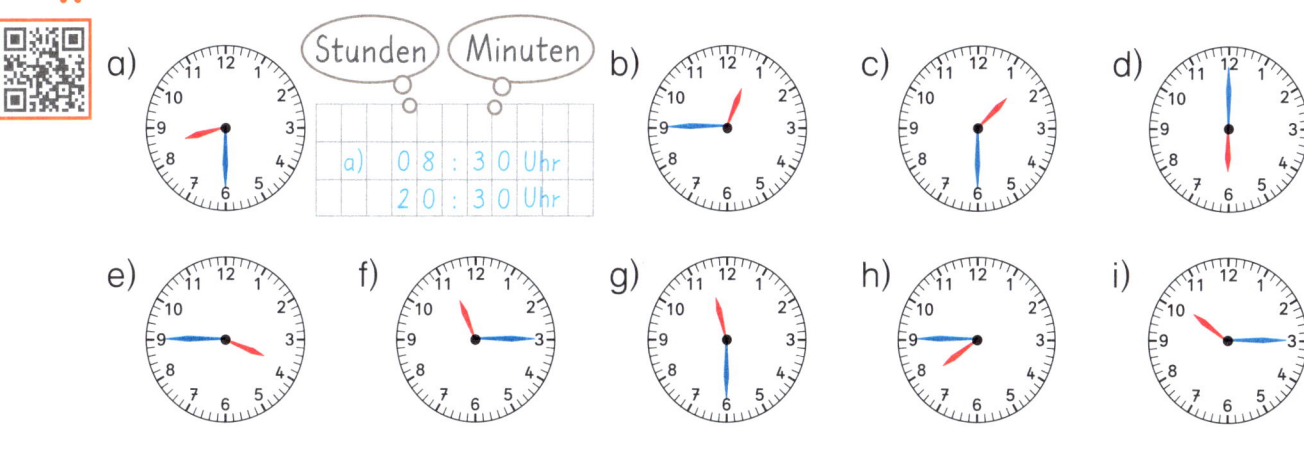

a) 08:30 Uhr
   20:30 Uhr

2 Immer 5 Minuten später. Notiere.

a) 16:00 Uhr
   b) 16:05 Uhr

e) Setze fort bis 17:00 Uhr.

Es war 16:00 Uhr.

5 Minuten sind vergangen.
Jetzt ist es 16:05 Uhr.

3 Der Stundenzeiger fehlt. Wie spät könnte es sein?

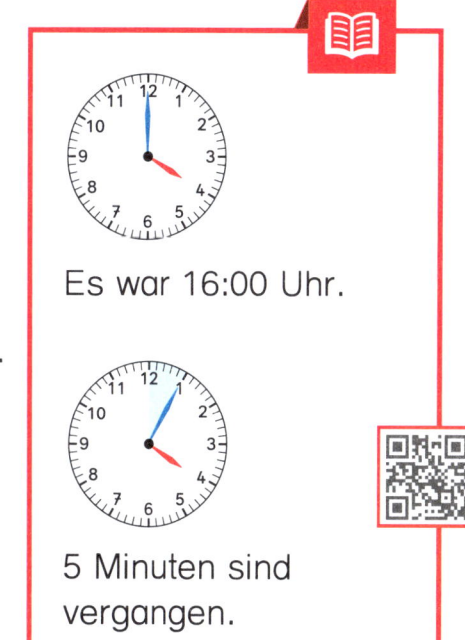

Erklärvideo und Wortspeicher nutzen. Ggf. regionalbedingte Sprechweisen thematisieren.
2 Fünf-Minuten-Takt besprechen.
3 24 Möglichkeiten.

Zeit – Zeitspannen

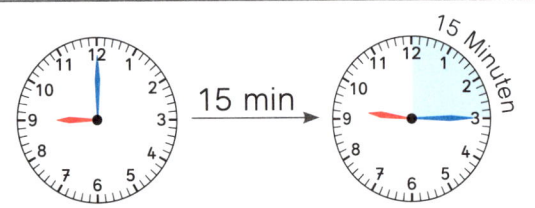

Es war 09:00 Uhr.   15 Minuten sind vergangen. Jetzt ist es 09:15 Uhr.

Eine Viertelstunde hat 15 Minuten.
$\frac{1}{4}$ h = 15 min

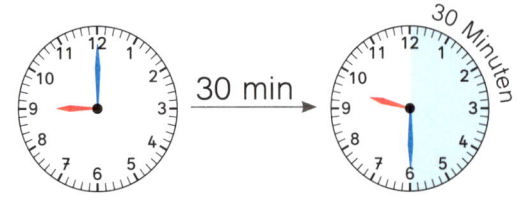

Es war 09:00 Uhr.   30 Minuten sind vergangen. Jetzt ist es 09:30 Uhr.

Eine halbe Stunde hat 30 Minuten.
$\frac{1}{2}$ h = 30 min

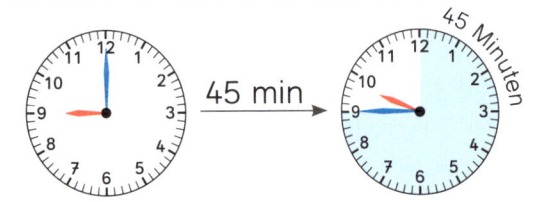

Es war 09:00 Uhr.   45 Minuten sind vergangen. Jetzt ist es 09:45 Uhr.

Eine Dreiviertelstunde hat 45 Minuten.
$\frac{3}{4}$ h = 45 min

Es war 09:00 Uhr.   60 Minuten sind vergangen. Jetzt ist es 10:00 Uhr.

Eine Stunde hat 60 Minuten.
1 h = 60 min

1 Wann treffen sich die Kinder?

a) Hast du heute Zeit? — Ja, in einer Stunde.

a) Die Kinder treffen sich um

b) Hast du heute Zeit? — Ja, in einer Viertelstunde.

2 Wie viel Zeit ist jeweils vergangen?

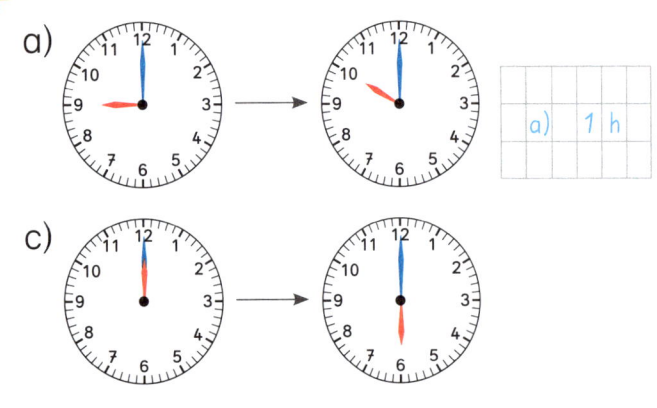

a) 1 h

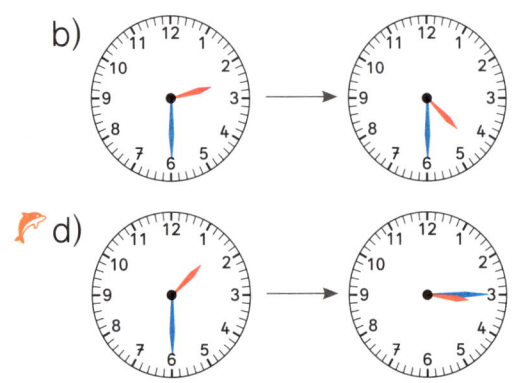

3 Wie viel Zeit ist jeweils vergangen?

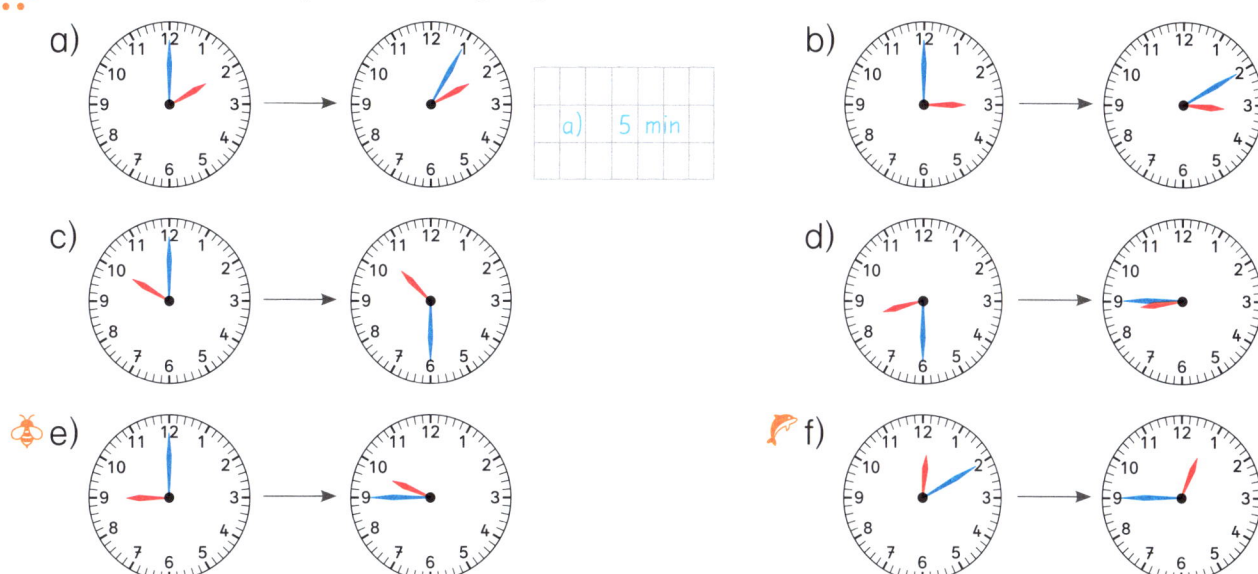

4 Besprecht und notiert.

KINDER TV

17:20 Emma und Nick
17:45 Wetter
18:00 Ratequiz
18:30 Papa ist der Beste
18:50 Der Sandmann
19:00

a) Wann beginnt das Kinderprogramm?
b) Wie lange dauert das Ratequiz?
c) Wie lange dauert die Sendung „Wetter"?
d) Welche Sendung dauert 20 Minuten?
e) Welche Sendung ist die kürzeste?
f) Welche Sendung ist die längste?

5 Probiert aus:

Eine **Minute** hat **60 Sekunden**.
1 min = 60 s

Wortspeicher nutzen.
5 Mit Stoppuhr messen.

Kalender

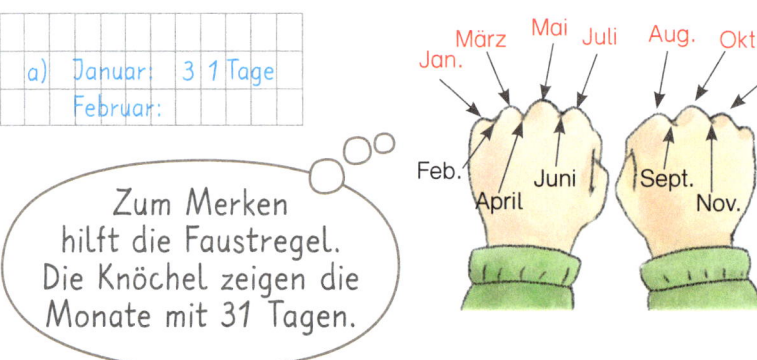

1 a) Wie viele Monate hat das Jahr?
b) Schreibe alle Monate in der richtigen Reihenfolge auf.

2 a) Wie viele Tage haben die Monate jeweils?

a) Januar: 31 Tage
Februar:

b) Unterstreiche die Monate mit 31 Tagen rot.

Zum Merken hilft die Faustregel. Die Knöchel zeigen die Monate mit 31 Tagen.

3 Schreibe das Datum jeweils kurz.

a) 11. März
15. Juni
31. Mai
4. Juli

a) 11.03.
15.06.

b) 11. September
30. Dezember
27. Oktober
11. November

c) 28. Februar
12. August
1. April
30. Januar

4 Schreibe das Datum jeweils ausführlich.

a) 17.11.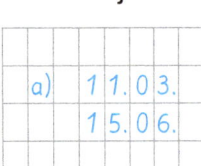
a) 17. November

b) 01.02.
c) 30.03.
d) 24.12.
e) 01.06.
f) 15.10.
g) 31.12.
🐝 h) 01.05.
🐝 i)

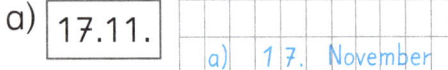

5 An welchem Wochentag im Jahr 2029 haben die Kinder Geburtstag?

Tilo 3. Jan. — Marie 6. Mai — Soner 16. April — Lara 30. März — Sven 25. Nov. — ich

6 Schreibt eine Geburtstagsliste für eure Klasse.
  a) In welchem Monat haben die meisten Kinder Geburtstag?
  b) Wer ist das jüngste Kind in eurer Klasse?
  c) Wer ist das älteste Kind in eurer Klasse?

7 Welcher Wochentag ist es im Jahr 2029?
  a) 1. Januar   a) Montag   b) 1. Mai   c) 1. April
  d) 10. Oktober   e) 24. Dezember f) Silvester
  g) 29. Februar   h) Tag der Deutschen Einheit

8 Kann das stimmen? Begründet.
  a) Ein Jahr hat 31 Tage.
  b) Der Mai hat 32 Tage.
  c) Juni und Juli haben zusammen mehr Tage als Oktober und Dezember.
  d) Es gibt mehr Schultage als freie Tage im Jahr.
  e) Der Februar hat 29 Tage.
  f) Das Jahr hat 365 Tage.

9 a) 20 + ☐ = 70   b) 17 + ☐ = 60   c) 19 + ☐ = 100   d) 25 + ☐ = 50
     23 + ☐ = 70   22 + ☐ = 60   22 + ☐ = 100   37 + ☐ = 50
     42 + ☐ = 70   35 + ☐ = 60   47 + ☐ = 100   39 + ☐ = 50
     47 + ☐ = 70   44 + ☐ = 60   25 + ☐ = 100   21 + ☐ = 50

11 13 16 23 25 25 28 29 38 43 47 50 53 75 78 81

---

5 Den Wochentag des eigenen Geburtstags im Jahr 20xx herausfinden.
7 g) Thematisieren, dass nur in Schaltjahren der Februar 29 Tage hat.

Sachrechnen – Gesundes Frühstück

In der Klasse 2a sind 20 Kinder. Jedes Kind bekommt ein Glas Saft.

1 a) Wie viele Krüge Saft muss die Klasse 2a zubereiten?

b) Stellt den Einkaufszettel zusammen.

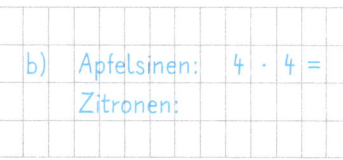

c) Sven kauft die Apfelsinen und ein Glas Honig. Wie viel muss er bezahlen?

d) Lara kauft die Zitronen, die Birnen und die Kiwis. Wie viel muss sie bezahlen?

e) Wie viel kosten alle Zutaten zusammen?

Vitaminsaft

für 1 Krug = 5 Gläser

Zutaten:
4 Apfelsinen
1 Zitrone
5 Birnen
2 Kiwis
2 Esslöffel Honig

Zubereitung:
Presse die Apfelsinen und die Zitrone aus.

Schneide die Birnen und die Kiwis in kleine Stücke.

Püriere sie mit dem Mixstab.

Gib den Saft zu dem Fruchtmus. Süße den Saft mit Honig.

Guten Appetit!

2 a) Wie viele Krüge Saft müsste eure Klasse zubereiten?
b) Stellt den Einkaufszettel zusammen.

2 Fächerübergreifendes Projekt: Einkaufen. Vitaminsaft und Obstsalat zubereiten.

OBSTSALAT

Zutaten für 4 Personen:

2 Bananen
3 Äpfel
4 Birnen
5 Kiwis
2 EL Orangensaft
2 EL Zitronensaft

(Esslöffel)

Zubereitung:

Das Obst waschen, schälen, entkernen und in kleine Stücke schneiden.

Den Zitronensaft und Orangensaft vermengen und über das Obst verteilen.

Vorsichtig mischen.

Guten Appetit!

3 Könnt ihr die Fragen beantworten? Begründet.

A Für wie viele Portionen ist das Rezept?

B Wie viele Mandarinen werden benötigt?

C Wie viele Kiwis werden benötigt?

D Wie viele Bananen werden benötigt?

E Wie viele Esslöffel Zitronensaft werden benötigt?

F Wie lange dauert die Zubereitung?

4 Tragt jeweils in eine Tabelle im Heft ein, wie viele Zutaten benötigt werden.

a) Die Klasse 2a möchte den Obstsalat für 20 Personen zubereiten.

b) Die Kinder möchte den Obstsalat auch für die Klasse 2b zubereiten. In dieser Klasse sind 28 Kinder.

Für __20__ Personen:

Zutaten	Menge
Bananen	5 · 2 =
Äpfel	5 · 3 =
Birnen	
Kiwis	
Orangensaft	EL
Zitronensaft	EL

Für _____ Personen:

Zutaten	Menge
Bananen	
Äpfel	
Birnen	
Kiwis	
Orangensaft	EL
Zitronensaft	EL

Im Internet nach weiteren Rezepten recherchieren.
4 Evtl. Kopiervorlage 160 nutzen.

Geld – Kommaschreibweise

1 € 52 ct — Das sind 1 Euro und 52 Cent. — Ich schreibe mit Komma. — 1,52 €

1 Lege und schreibe.

	Euro		Cent	
a)		1	5	2
b)		3	4	2
c)	1	4	6	8
d)	4	3		
e)		3	7	
f)		4		2

Kommaschreibweise – Geld

1 € 52 ct   1,52 €

ein Euro und zweiundfünfzig Cent   ein Euro zweiundfünfzig

a) 1 € 5 2 c t = 1,5 2 €

2 Wie viel Geld hat jedes Kind?

Darian   Sophia   Kurt

 € ct = €   € ct = €   € ct = €

3 Schreibe in Kommaschreibweise.

a) 1 € 20 ct   b) 19 € 21 ct   c) 4 € 72 ct   d) 3 € 5 ct
   4 € 12 ct   12 € 56 ct   67 €   10 € 7 ct

4 Schreibe in Euro und Cent.

a) 7,25 €   b) 8,74 €   c) 12,43 €   d) 0,99 €

Wortspeicher nutzen.
Mit Rechengeld legen.

Das Zauberdreieck

1 a) Addiere jeweils die Zahlen in einer Reihe. Was fällt dir auf?

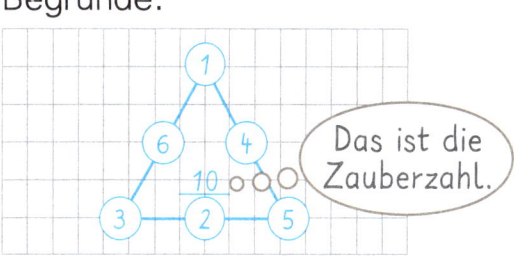

b) Findest du mit denselben Zahlen weitere Zauberdreiecke mit der Zauberzahl 10? Begründe.

Das ist die Zauberzahl.

2 Welches Dreieck ist ein Zauberdreieck?

A 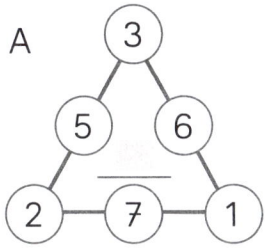   B 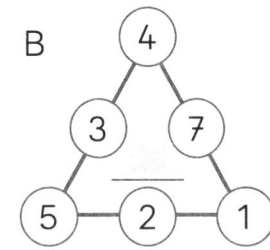   C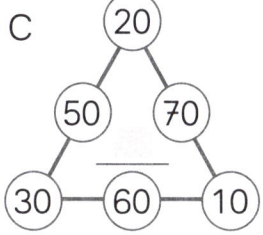

3 Ergänze jeweils zu Zauberdreiecken.

a)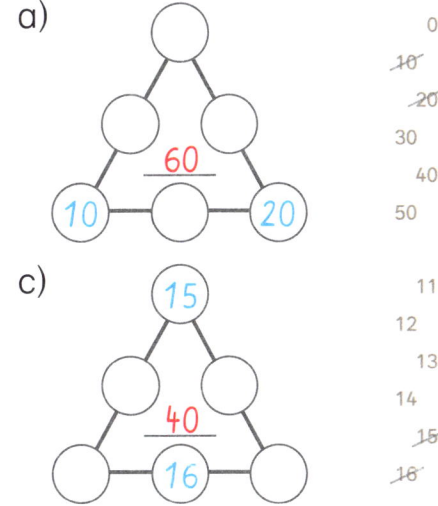

Hokus Pokus Fidibus: gleich viel auf jede Seite muss!

b)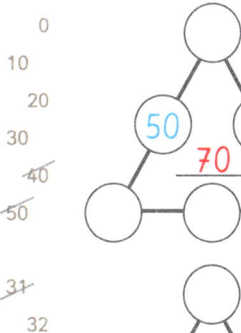

c)

d)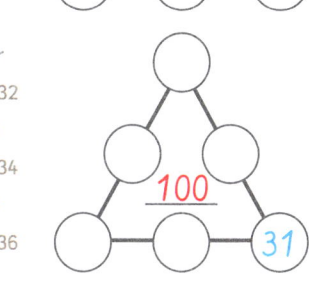

4 Wie verändert sich die Zauberzahl, wenn ihr

a) jede Zahl verdoppelt? c) jede Zahl um 2 vergrößert?
b) jede Zahl um 1 vergrößert? d) jede Zahl um 10 vergrößert?

Begründet.

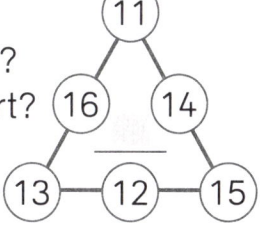

5 Erfindet eigene Zauberdreiecke.

Die Zahlen auf jeder Dreiecksseite haben die gleiche Summe („Zauberzahl" in der Mitte). Evtl. Kopiervorlage nutzen.

Wiederholung

1 a) 15 + 26   b) 49 + 43   c) 15 + 29   d) 29 + 35   e) 48 + 52
     26 + 37   68 + 24   25 + 39   46 + 26   13 + 87
     37 + 48   57 + 15   35 + 49   55 + 17   52 + 48

41   44   63   64   64   72   72   72   84   85   92   92   100   100   100

2 a) Nora beschreibt ihr Päckchen. Setze fort und rechne.

„Der 1. Summand wird immer um 1 größer.
Der 2. Summand wird immer um 10 größer.
Deshalb wird die Summe immer um ..."

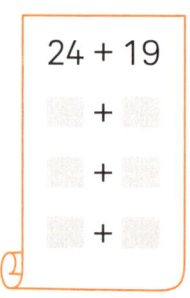

24 + 19
◻ + ◻
◻ + ◻
◻ + ◻

b) Erfinde ein eigenes Päckchen zu Noras Beschreibung.

3 a) 36 − 28   b) 98 − 39   c) 89 − 69   d) 55 − 26   e) 95 − 43
     56 − 38   97 − 49   78 − 58   44 − 25   76 − 44
     76 − 48   96 − 59   67 − 47   33 − 24   57 − 45

8   9   12   18   19   20   20   20   28   29   32   37   48   52   59

4 a) Lasse beschreibt sein Päckchen. Setze fort und rechne.

„Der Minuend wird immer um 10 kleiner.
Der Subtrahend wird immer um 20 kleiner.
Deshalb wird die Differenz immer um ..."

90 − 89
◻ − ◻
◻ − ◻
◻ − ◻

b) Erfinde ein eigenes Päckchen zu Lasses Beschreibung.

5 Rechne die Kernaufgaben.

a) 1 · 2 =
    2 · 2 =
    5 · 2 =
   10 · 2 =

b) 1 · 3 =
    2 · 3 =
    5 · 3 =
   10 · 3 =

c) 1 · 4 =
    2 · 4 =
    5 · 4 =
   10 · 4 =

d) 1 · 5 =
    2 · 5 =
    5 · 5 =
   10 · 5 =

e) 1 · 6 =
    2 · 6 =
    5 · 6 =
   10 · 6 =

f) 1 · 7 =
    2 · 7 =
    5 · 7 =
   10 · 7 =

g) 1 · 8 =
    2 · 8 =
    5 · 8 =
   10 · 8 =

h) 1 · 9 =
    2 · 9 =
    5 · 9 =
   10 · 9 =

Wortspeicher

Zahlen

 1 **H**underter
10 **Z**ehner
100 **E**iner

1 **Z**ehner
10 **E**iner

1 **E**iner

die Stellenwerttafel

H	Z	E	Zahl
1	0	0	100

die Zehnerzahlen

10	20	30	40	50	60	70	80	90	100
zehn	zwanzig	dreißig	vierzig	fünfzig	sechzig	siebzig	achtzig	neunzig	hundert

die Hundertertafel

 die Diagonale
 die 3. Zeile
die 4. Spalte

die Nachbarzahlen

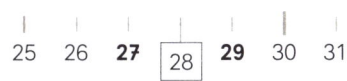
25 26 **27** 28 29 30 31

40   46   **50**

Vorgänger	Zahl	Nachfolger
27	28	29

Nachbar-zehner	Zahl	Nachbar-zehner
40	46	50

Addieren, Subtrahieren, Multiplizieren und Dividieren

Addition – addieren

Summand Summand
5 **+** 4 = 9
Summe   Summe

Subtraktion – subtrahieren

Minuend Subtrahend
9 **–** 4 = 5
Differenz   Differenz

Variablen

sind Buchstaben in Aufgaben, für die verschiedene Zahlen eingesetzt werden können.

26 + **a** = 30
a = 4

26 + **m** < 30
m = 0, 1, 2, 3

Multiplikation – multiplizieren

Faktor Faktor
3 **·** 5 = 15
Produkt   Produkt

Division – dividieren

Dividend Divisor
35 **:** 5 = 7
Quotient   Quotient

Tauschaufgaben

5 · 3 = 15
3 · 5 = 15

Ich tausche den 1. und den 2. Faktor. Das Produkt bleibt gleich.

Nachbaraufgaben

3 · 5 = 15
4 · 5 = 20
5 · 5 = 25

Einmal 5 **weniger** oder einmal 5 **mehr**.

Kernaufgaben

1 · 6 =
2 · 6 =
5 · 6 =
10 · 6 =

Multiplikationsaufgaben mit **1**, mit **2**, mit **5** und mit **10** sind **Kernaufgaben**.

Umkehraufgaben

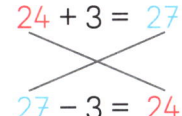
24 + 3 = 27
27 – 3 = 24

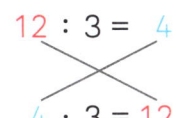
12 : 3 = 4
4 · 3 = 12

die Zahlenmauer

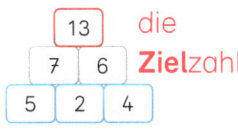
die **Ziel**zahl
die **Basis**zahlen

das Rechendreieck

Innenzahlen
Außenzahlen

Geometrie

geometrische Körper

der **Quader** der **Würfel** die **Kugel**

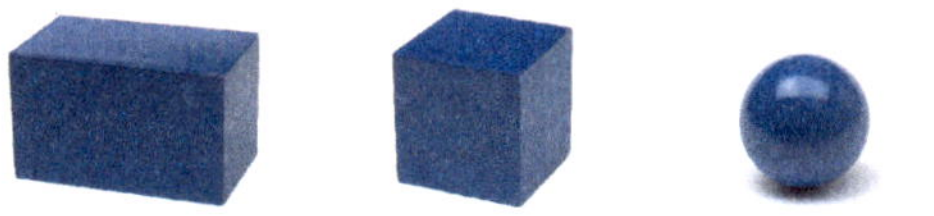

der **geometrische Körper**

die Ecke
die Kante
die Fläche

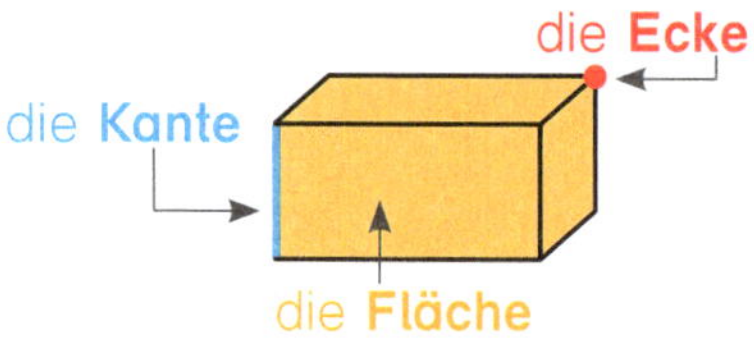

der **Bauplan**

3 2 1
1 1
1 1

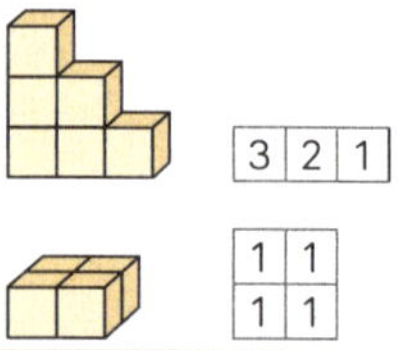

die **Vierecke**

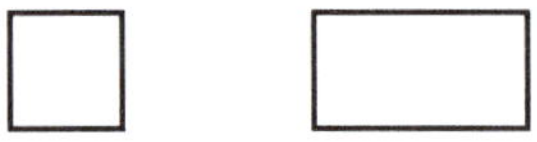

das **Quadrat** das **Rechteck**

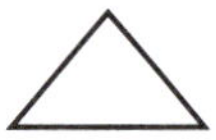

das **Dreieck**

der **Kreis**

der Mittelpunkt (M)
der Radius (r)
r
M
d
der Durchmesser (d)

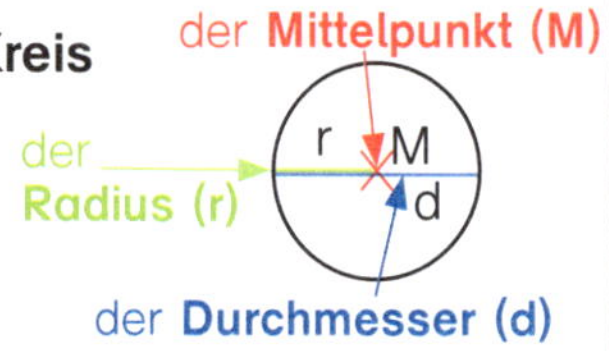

Jede **achsensymmetrische** Figur hat mindestens eine **Symmetrieachse**.

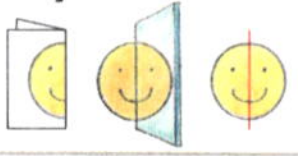

Zwei Geraden sind **parallel zueinander**, wenn sie überall den **gleichen Abstand** haben.

a
b

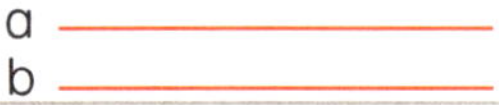

Ein **rechter Winkel** entsteht, wenn zwei Geraden **senkrecht zueinander** sind.

a
b

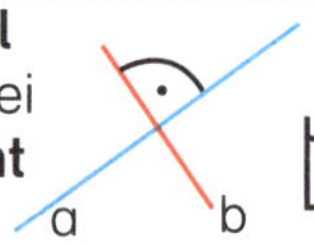

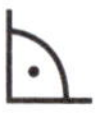

Gerade a **ist senkrecht zu** Gerade b.

Größen

1 **Meter** = 100 **Zentimeter**
1 m = 100 cm

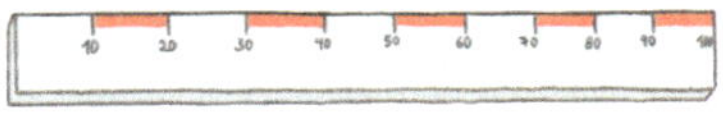

genau **100 cm**

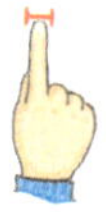

die **Fingerbreite** ungefähr **1 cm**

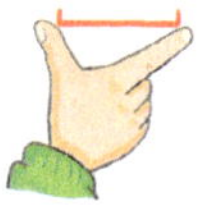

die **Spanne** ungefähr **10 cm**

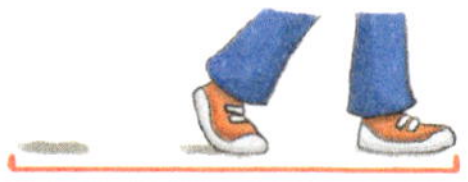

2 Schritte ungefähr **100 cm**

ct bedeutet Cent.
€ bedeutet Euro.
100 ct = 1 €

Eine **Strecke** hat einen Anfangspunkt und einen Endpunkt.
Die Länge der Strecke $\overline{AB}$ kann ich messen.

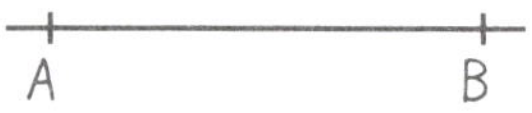

A
B

$\overline{AB}$ = 3 cm

1 Zentimeter ist gleich **10 Millimeter**
1 cm = 10 mm

Ein Tag hat **24 Stunden.**

der Minutenzeiger

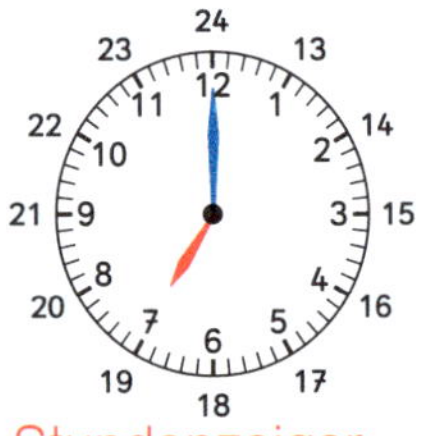

der Stundenzeiger

1 Stunde hat **60 Minuten.**

1 h = 60 min

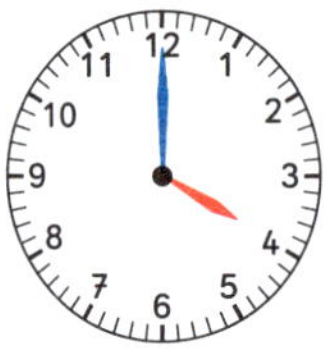

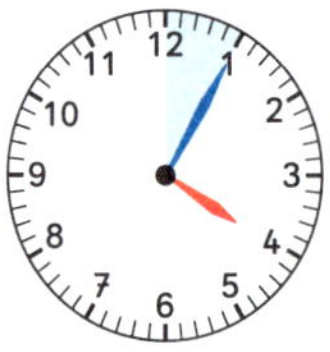

Es war 16:00 Uhr.

5 Minuten sind vergangen.
Jetzt ist es 16:05 Uhr.

Eine **Minute** hat **60 Sekunden.**

1 min = 60 s

Eine **Viertelstunde** hat **15 Minuten.**	Eine **halbe Stunde** hat **30 Minuten.**	Eine **Dreiviertelstunde** hat **45 Minuten.**
$\frac{1}{4}$ **h = 15 min**	$\frac{1}{2}$ **h = 30 min**	$\frac{3}{4}$ **h = 45 min**

Daten und Wahrscheinlichkeit

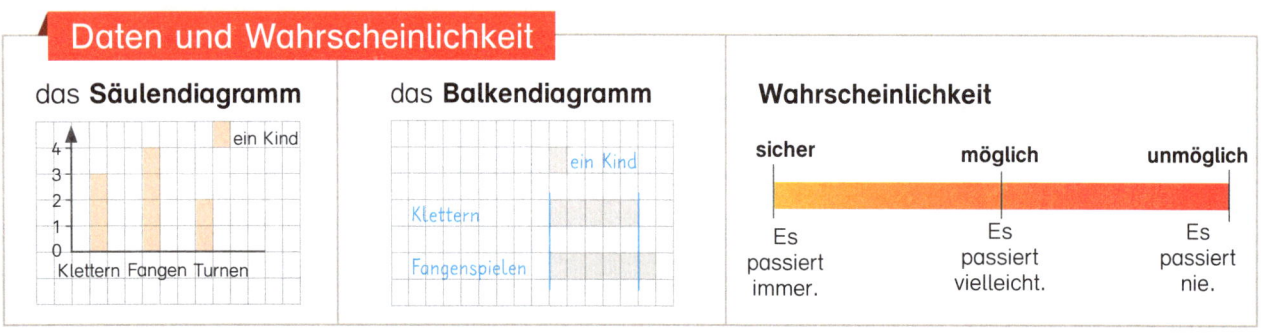

das **Säulendiagramm**

ein Kind
4
3
2
1
0
Klettern
Fangen
Turnen

das **Balkendiagramm**

ein Kind
Klettern
Fangenspielen

Wahrscheinlichkeit

sicher
möglich
unmöglich
Es passiert immer.
Es passiert vielleicht.
Es passiert nie.

Die Hundertafel

1	2	3	4	5	6	7	8	9	10
11	12	13	14	15	16	17	18	19	20
21	22	23	24	25	26	27	28	29	30
31	32	33	34	35	36	37	38	39	40
41	42	43	44	45	46	47	48	49	50
51	52	53	54	55	56	57	58	59	60
61	62	63	64	65	66	67	68	69	70
71	72	73	74	75	76	77	78	79	80
81	82	83	84	85	86	87	88	89	90
91	92	93	94	95	96	97	98	99	100

Das Hunderterfeld